カリスマ講師
「エクセル兄さん」が教える

Excel × Copilot

エクセル

コパイロット

AI仕事術

たてばやし淳 著

日経BP

はじめに

　「生成AIをExcel実務に活用する方法がわからない」「ExcelとCopilotの具体的な活用事例を知りたい」——そんなふうに思っている方は、増えてきているのではないでしょうか。それなら、ぜひ本書を参考にしてください。

　2022年11月に「ChatGPT」が公開されて以来、生成AI（人工知能）がビジネスにもたらす価値に世界中が注目しています。IT大手のマイクロソフトもまた、「Copilot（コパイロット）」と呼ぶAIアシスタント機能を開発。Webサイト上で公開するだけでなく、「Microsoft 365」をはじめとする同社製品に次々と組み込み、普及に力を注いでいます。

　「Excel」はビジネスの現場に必須のアプリといえますが、AIの力を借りることで、その活用の幅は大きく広がります。例えば、Copilotに簡単な質問をするだけで、Excelの上手な使い方や数式の作り方などの適切なアドバイスをもらえます。さらに「Copilot for Microsoft 365」などの契約をすれば、Excelに専用のCopilotを追加して、Excelを直接操作してもらうことも可能です。言葉で指示をするだけで数式を自動入力したり、集計表やグラフを自動作成したりできるのです。Excelが苦手な人にとってはその指南役あるいは代わりに操作してくれるアシスタントとして、Excelが得意な人にとってはさらなる効率化やデータ活用のアドバイザーとして、Copilotが強力にサポートしてくれるでしょう。

　私は、そうした生成AIによるExcel業務支援にいち早く注目し、ノウハウを研究・実践しながら、書籍や雑誌記事の執筆に精力的に取り組んできました。さらに、Excel専用のCopilotについては個人版・法人版の両方を比較しながら徹底的に研究し、その成果を「YouTube」や「Udemy」の動画講座などで惜しみなく発信してきました。その成果を1冊にまとめたものが本書です。Copilotをすでに導入している方はもちろん、導入を検討中の方にも役立つように、具体的なビジネスシーンを想定して解説をしました。

　すでにいくつかのCopilot関連書籍が発行されていますが、その多くは

Microsoft 365全般におけるCopilotの使い方を扱っています。一方、本書はExcelにおけるCopilot活用に特化し、Excelでの具体的な実務に直結する使い方に深く踏み込んでいます。Excelは、日常的な業務で最もよく使われているアプリの1つです。そんなExcelに生成AIのパワーを持ち込むことができれば、日々の仕事を大幅に効率化でき、その質も向上させることができるでしょう。

ただし、Copilotも万能ではありません。Copilotはいまだ進化の途上にあり、現状ではできることとできないことが明確に存在します。そこで本書では、Copilotのメリットだけでなく、限界や課題についても率直な解説を加えました。そして、今後のアップデートにより期待できる注目機能についても触れています。

なお、Excelの操作をCopilotが支援してくれるといっても、基本的なExcelスキルは依然として必要になります。本書では、Copilotを活用するうえで知っておきたいExcelの基礎知識や操作方法についても、丁寧にフォローしました。Copilotの処理結果を自分の手で調整したり応用したりする際のポイントなど、実務で必要な情報を提供しています。

本書を通じて、Copilotに対する理解を深めつつ、Excelでの実践的な活用方法を身に付け、将来の可能性も探っていただければ幸いです。

エクセル兄さん　たてばやし 淳

●本書に掲載している内容は2024年8月時点のもので、OSやアプリ、サービスなどのアップデートにより、名称、機能、操作方法、価格などが変わる可能性があります。

CONTENTS

Excel × Copilot

イラスト：KatoSaori/stock.adobe.com

●教材ファイルダウンロードのご案内

本書で使用しているサンプルデータを含むExcelファイルを、以下のURLからダウンロードできます。解説した操作を実際に試す際にご活用ください。

https://excel23.com/excel-copilot/

第1章

汎用Copilotに Excelの相談をする

01 「汎用」と「アプリ専用」の2つに分類できるCopilot

02 ExcelをサポートするCopilotも2つに分けて考える

03 汎用Copilotを活用する4つの鉄板パターン

04 スクリーンショットの活用でCopilotに効果的に質問

この章で学ぶこと

● Copilotには大きく分けて2つある

● 汎用Copilotを使ってExcelの課題を解決する4つの方法

● Copilotに質問する際のコツとスクリーンショットの使い方

佐藤君

ねえ、コパイロ君。最近、Excelでいろいろな作業をしているんだけど、もっと効率的にできないかな？特に複雑な操作が必要なときに困ってしまうんだ。

コパイロ君

そんなときこそ、「汎用Copilot」の出番だよ！ Excelの作業を効率化する4つの鉄板パターンがあるんだ。「丸投げ質問」「あと1歩質問」「言語処理の依頼」「そのほかの依頼」に分類できるよ。

へぇ〜、面白そう！
でも、それぞれどんなときに使うの？

例えば、「丸投げ質問」はざっくりと大きな解決方法が欲しいときに、「あと1歩質問」は具体的な問題解決に、「言語処理の依頼」はテキストデータの処理に、「そのほかの依頼」は主にマクロの作成などに使うんだ。

なるほど！ それならいろいろな場面で活用できそうだね。具体的にどう使うのか、もっと詳しく知りたいな。

そうだね！ この章では、この4つの鉄板パターンを詳しく解説するよ。それぞれのパターンの使い方や具体例を紹介するから、きっとExcel作業が楽しくなるはず。一緒に学んでいこう！

「汎用」と「アプリ専用」の
2つに分類できるCopilot

ひと口に「Copilot」といっても、マイクロソフトが提供する「Copilot」には、たくさんの種類があります。それゆえ、「Copilotって結局は何なの!?」と混乱を感じている方も少なくないようです。そこで本書では、Copilotを大きく2つに分類し、「汎用Copilot」と「アプリ専用Copilot」と呼んで区別することにします（**図1**）。まず

Copilotの種類と特徴

❶汎用Copilot

特定のアプリに依存せず
利用できる

Web版
・Webで情報を検索し質問に回答
・無料で基本機能を利用可能
・有料版でより高度な機能を提供

Windows搭載版
・Windows 11に標準搭載
・OSレベルでの統合された支援
・システム全体での利用が可能

Edge搭載版
・Edgeブラウザーに標準搭載
・Web閲覧中にシームレスに利用可能
・ページ内容の要約や翻訳、
　関連情報の提供

❷アプリ専用Copilot

特定のアプリ内で動作する
（Copilot for Microsoft 365などの
契約が必要）

Word
・文書の下書き ・文章校正 ・要約

Excel
・数式提案 ・グラフ作成 ・データ分析

PowerPoint
・スライド作成 ・デザイン支援 ・内容提案

Outlook
・メールの下書き ・要約 ・表現のアドバイス

Teams
・会議要約 ・タスク管理 ・チャット支援

図1 Copilotは大きく2種類に分けられる。本書では「汎用Copilot」と「アプリ専用Copilot」と呼ぶことにする

は、それぞれの特徴と違いを理解していきましょう。

memo

「汎用Copilot」と「アプリ専用Copilot」という分類は、マイクロソフトによる正式な分類や名称ではありません。皆さんがわかりやすいように筆者が考案したものであることをご承知ください。

❶汎用Copilot

　汎用Copilotの最大の特徴は、特定のアプリケーションに依存せずに利用できる点です。ユーザーからの幅広い質問や依頼に回答します。汎用Copilotは主に、以下の3つの形態で提供されています。

　1つは「Web版」のCopilot（**図2**）。Web上で一般公開されていて、専用のWebページ（https://copilot.microsoft.com/）や、検索サイトの「Bing」（https://www.bing.com/）の中で利用できます。基本機能は無料ですが、有料版の契約者には、より高度な機能が提供されます。

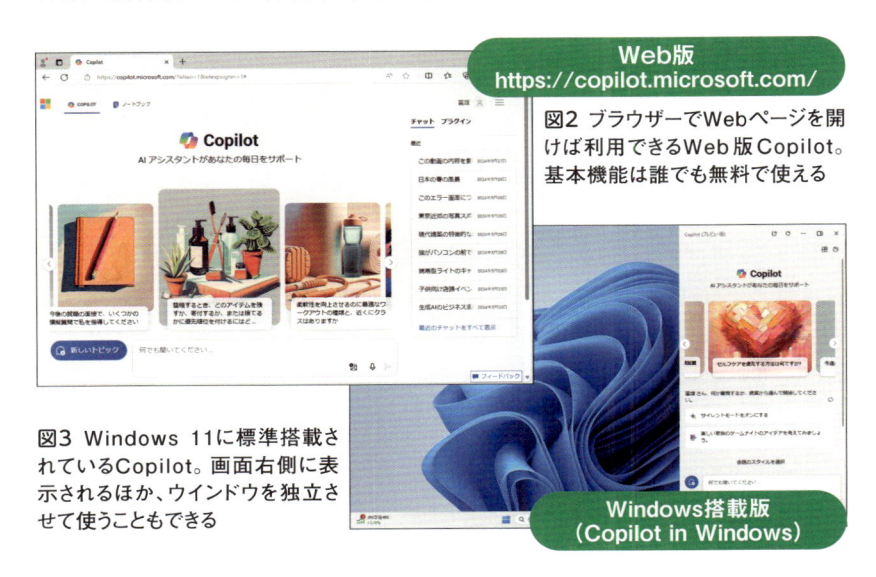

Web版
https://copilot.microsoft.com/

図2 ブラウザーでWebページを開けば利用できるWeb版Copilot。基本機能は誰でも無料で使える

図3 Windows 11に標準搭載されているCopilot。画面右側に表示されるほか、ウインドウを独立させて使うこともできる

Windows搭載版
（Copilot in Windows）

**Edge搭載版
（Copilot in Edge）**

図4 ブラウザーのEdgeで利用できるCopilot。画面の右側に表示される。Web版のCopilotと同様の使い方ができるほか、「作成」という文章作成に特化した独自機能もある

　2つめは「Windows搭載版」のCopilotです（前ページ**図3**）。Windows 11に標準搭載されているもので、OSレベルで統合されており、システム全体で利用可能です[注1]。

　3つめは「Edge搭載版」のCopilot（**図4**）。Windowsの標準ブラウザー「Edge」に統合されていて、Edgeで表示中のコンテンツに関して、ユーザーからの質問に回答することもできます。このEdge搭載版は、アプリに搭載されているという意味では「アプリ専用Copilot」なのですが、その中身はWeb版Copilotとほぼ同様なので、「汎用Copilot」に分類しました。

❷アプリ専用Copilot

　アプリ専用Copilotは、「Microsoft 365」に含まれる特定のアプリなどで動作するように設計されたCopilotです。例えば、Word、Excel、PowerPoint、Outlook、Teamsなどのアプリで利用できます。個人向けには「Copilot Pro」、法人向けには「Copilot for Microsoft 365」という名称で提供されています。

　Copilot ProやCopilot for Microsoft 365の導入にはいくつかの条件があります。少しわかりにくいので、詳しく解説しましょう（**図5**）。

　アプリ専用Copilotを導入するには、"2階建て"の料金構造を理解しておく必要があります。この構造は、Copilot自体の利用料金と、その基礎となるMicrosoft 365アプリ（Word、Excel、PowerPoint、Outlookなど）のサブスクリ

[注1]Windows搭載版Copilotは今後、単独のアプリに変更される予定で、OSの操作などはできなくなる見込み

プション（契約）料金から成り立っています。

　個人ユーザーの場合、まず1階部分として、「Microsoft 365 Personal」か「Microsoft 365 Family」のライセンスが必要で、最低でも月額1490円を支払う必要があります。その上に2階部分として、Copilot Proの料金が月額3200円加わります。つまり、個人ユーザーがアプリ専用Copilotをフルに活用するためには、最低でも月額4690円（1490円＋3200円）が必要となります。

　ただし、オンライン版のWordやExcelなどが使える「Microsoft 365 Online」上に限り、Copilot Proの契約だけでアプリ版Copilotを使うことはできます。つまり、オンライン版ExcelなどでCopilotが使えればよい、という人なら、デスクトップアプリのライセンスの部分（1階部分）のコストを抑えることはできます。

　法人向けの「Copilot for Microsoft 365」も同様の構造です。基礎となるMicrosoft 365やOffice 365の主要なビジネス向けプランのライセンス料金が1階部分となり、その上にCopilot for Microsoft 365の料金（年額5万9360円、月額換算で4946円相当）が2階部分として加わります。こちらは、ビジネス向けのMicrosoft 365ライセンス（1階部分）が必須となっています。

アプリ専用Copilotの利用に必要なライセンス

個人向け

Copilot Pro
・1ユーザー当たり、月額3200円

対象となるデスクトップアプリのライセンス
・Microsoft 365 Personal
・Microsoft 365 Family
※Microsoft 365 OnlineではCopilot Proの契約のみで利用可能

法人向け

Copilot for Microsoft 365
・1ユーザー当たり、年額5万9360円

対象となるデスクトップアプリのライセンス
・Microsoft 365 Apps for business
・Microsoft 365 Business Standard
・Microsoft 365 Business Premium
・Office 365 E1　など［注2］

図5　アプリ専用Copilotには個人向けと法人向けがあり、いずれも有料で提供されている。さらに、ExcelやWordなどのデスクトップアプリで利用するためには、対応するアプリのライセンスが必要となる

［注2］法人向けでどのプランが対象となるかは、変更される可能性があります。最新の情報は公式ページで確認してください。https://www.microsoft.com/ja-jp/microsoft-365/business/copilot-for-microsoft-365

ExcelをサポートするCopilotも2つに分けて考える

Excel操作をサポートするCopilotも、先ほどの「汎用Copilot」と「アプリ専用Copilot」の2つに分けて考えることができます。それぞれの特徴と主な用途を以下に説明します（**図1**）。

汎用CopilotによるExcel操作のサポート

汎用Copilotは、Web、Windows、Edgeブラウザーなど、さまざまな環境で利用可能で、基本機能は無料で使えます。ただし、Excel自体を直接操作することはできません。従って、主な用途としては、Excelに関する一般的な質問をする、情報を検索する、といったものがあるでしょう。

例えば、Excelが備える特定の機能や関数の使い方について説明を求めたり、VBAやマクロのコードの生成および説明を依頼したりできます。また、Web検索を通じてExcel関連の情報を効率的に収集してもらったり、一般的なExcel操作の手順を提示してもらったりもできます。つまり、Excelの使い方や関連知識を広く支援するアシスタントとして機能します。

アプリ専用CopilotによるExcel操作のサポート

一方、アプリ専用CopilotはExcelの中で利用できるものです。ただし、どのExcelでも使えるわけではなく、Microsoft 365のサブスクリプション契約を通じて提供されているExcelが必要です。パソコンにプリインストールされていたり、買い切り版として販売されたりしている「Office 2021」などに付属するExcelでは使えません。

ExcelをサポートするCopilotも2タイプに分けられる

❶汎用Copilot	❷アプリ専用Copilot
利用環境 ・Web、Windows、Edgeブラウザー	**利用環境** ・Excelの中（デスクトップ／オンライン）
コスト ・基本機能は無料	**コスト** ・有料のサブスクリプションが必要
Excel操作 ・CopilotがExcelを直接操作することはできない	**Excel操作** ・CopilotがExcelを直接操作できる
主な用途 ・一般的な質問対応と情報検索 ・Excelの各種機能の使い方を説明 ・Web検索によるExcel関連情報の収集 ・一般的なExcel操作手順の提案 ・マクロやVBAのコード生成や説明	**主な用途** ・グラフ、ピボットテーブルの自動作成 ・シート内のデータを直接解釈して質問に回答 ・データの抽出（フィルター） ・外れ値の検出 ・数式の提案と挿入

図1 Excel操作をサポートするCopilotにも2タイプある。機能的には、Excelを直接操作できるかどうかに大きな違いがある

とはいえ、アプリ専用Copilotには「CopilotがExcelを直接操作できる」という大きなメリットがあります。主な用途は、Excelシート内のデータを処理・分析することです。具体的には、データに関する質問に対し、データを直接解釈して回答する、グラフやピボットテーブルを自動作成する、外れ値を検出する、といったことが可能です。さらに、数式の提案と挿入も行えるため、複雑な計算や分析を効率的に実行できます。つまり、Excelユーザーの作業を直接サポートし、データ分析や表計算のプロセスを大幅に効率化する強力なツールとして機能します。

ピボットテーブルの作り方がわからないという人は少なくありませんが、そんな人でもCopilotに依頼すれば、ピボットテーブルを作成できるようになります。Excelの使い方が変わる可能性を秘めているといえるでしょう。

本書で解説するCopilotの分類

　前節でも述べた通り、本書では「汎用Copilot」と「アプリ専用Copilot」という2種類のCopilotを扱っています。まず第1章では、汎用Copilotを使用した"鉄板"の活用法を紹介します。汎用Copilotは、特定のアプリに縛られず、幅広い用途に対応できる柔軟性を持っているのが利点です。続く第2章から第6章にかけては、アプリ専用Copilotに焦点を当てています。そこでは、Excelで利用できるアプリ専用Copilotの機能と連携して作業をこなすノウハウを解説します。最後の第7章では、再び汎用Copilotを用いて、ExcelのマクロやVBAに関連するタスクをどのようにサポートできるかを解説します（**図2**）。

　VBAのコードについては、Excelのアプリ専用Copilotに支援してもらうほうが手っ取り早そうですが、実際に試してみると、汎用Copilotを使うほうが生産性が高まることに気づきました。汎用Copilotのほうが高速にコードを生成できるほか、Web検索と連動して参考になるサイトを提示してくれるなど、使い勝手が良いと感じます。

　なお、Copilotを使うに当たっては、Excelのデータを「テーブル」形式にまとめておく必要があります。その際、データをきれいに整形しておかないと、Copilotが適切な操作をできないこともあります。その点を付録として巻末に収めました。

　それでは、次節から本格的な活用に移りましょう。

章	タイトル	使用するCopilot
第1章	汎用CopilotにExcelの相談をする	汎用Copilot
第2章	Excel専用Copilotを活用する前に	アプリ専用Copilot
第3章	Copilotに数式の提案をさせる	アプリ専用Copilot
第4章	Copilotでデータを強調する	アプリ専用Copilot
第5章	Copilotで並べ替えとフィルター	アプリ専用Copilot
第6章	Copilotでデータ分析（集計・グラフ化）	アプリ専用Copilot
第7章	Copilotにマクロ（VBA）を作らせる	汎用Copilot
付録	Copilotで処理する前にデータを整形しよう	―

図2 本書の各章で使用するCopilot

汎用Copilotを活用する 4つの鉄板パターン

ここからは、汎用Copilotを使用してExcelに関するさまざまな課題に対処する方法を解説していきます。

汎用CopilotではExcelを直接操作することはできませんが、Web検索をして必要な情報を得たり、Excelのスクリーンショット画像を送って質問できたりと、幅広い活用が可能です。マクロのコード生成も得意としています。これらの効果的な使い方を紹介していきましょう。

4つの活用パターンがある

Excelを使った作業を汎用Copilotにアシストしてもらう方法としては、次の4つのパターンがあります。

1. 丸投げ質問

Excelで実現したいことを大まかに説明し、Copilotに複数の解決策を提案してもらう方法です。例えば、「Excelの表にある『商品コード』を、3つのデータに分割したいです。」などと依頼します。やりたいことを提示して、Copilotにいわば"丸投げ"するわけです。

2. あと1歩質問

具体的な問題や疑問に対してピンポイントでアドバイスを求める方法です。例えば、数式のエラーが発生した際に、その数式と結果を具体的に提示して、原因と解決方法を質問します。ある程度の作業までは自分でできたけれど、あともう少しのところがわからない……といった場合に、Copilotに助けを求めて解決する

方法を教えてもらいます。

3. 言語処理の依頼

Excelで扱うのが難しい自然言語処理をCopilotにまかせることで、作業効率が大幅に向上します。例えば、商品名の一覧表を提示して、商品の分類を考えてもらいます。「コピー機」は「オフィス用品」、「マウス」は「PC関連機器」といった分類を、AIが自動で行ってくれます。

4. そのほかの依頼（コード生成）

そのほかにも多彩なことが汎用Copilotにはできますが、なかでもExcelを自動化するマクロ（VBA）のコードを生成できる点は、業務効率化に大いに貢献します。この点は本書の第7章で詳しく解説します。

1.「丸投げ質問」によるExcel活用

「丸投げ質問」は、Excelで実現したいことを大まかに説明し、Copilotに複数の解決策を提案してもらう方法です。この方法を使うことで、自分では思い付かなかった効率的な手法や新しいアプローチを発見できる可能性があります。

具体的な事例として、「商品コードの分割」という場面を見てみましょう。**図1**のシートのA列には、「商品コード」として「LT-0123-M_BK」といった文字列が入力されています。これを、「-」（ハイフン）を境目にして分割し、B列からD列に「LT」「0123」「M_BK」のようにそれぞれ入力したいと考えています。

これを手作業で行う場合、「LT」「0123」「M_BK」といった3つの文字列を、1つずつ「コピー」して、各列に「貼り付け」していく必要があります。1セル分を処理するだけでも大変ですが、何十行、何百行もデータがあると、何時間あっても終わらないでしょう。

関数を使った数式を立てて処理する方法など、Excelにはいくつかの解決法がありますが、それがまったく思い付かないとき、あるいは自分の考える方法とは

図1 商品コードのデータ例。A列に「カテゴリ-商品番号-サイズ_色コード」の形式で商品コードが入力されている

別のやり方を知りたいときは、Copilotに丸投げ質問をしてみましょう。

CopilotをはじめとするチャットAIに質問したり依頼したりするときに入力する文章を「プロンプト」といいます。丸投げ質問をする際は、次のようなプロンプトを入力して送信するのが効果的です。このパターンを"テンプレート"として使ってみてください。

プロンプトテンプレート

Excelで、〇〇したいです。どんな方法がありますか？ 複数の方法を提案してください。

例

「Excelで、商品コードを基に3つのデータに分割したいです。どんな方法がありますか？ 複数の方法を提案してください。」

「Excelで、日付データから曜日を抽出したいです。どんな方法がありますか？ 複数の方法を提案してください。」

このプロンプト例を使って、図1のデータについて商品コードの分割方法を尋ねてみたのが次ページ**図2**です。なお、同じプロンプトを使っても、Copilotによる回答は常に同じものになるとは限らないのでご了承ください。

図2　商品コードの分割方法をCopilotに質問した結果。複数の方法が提案されている

Excelで、商品コードを基に3つのデータに分割したいです。どんな方法がありますか？複数の方法を提案してください。

Copilot

✓ 回答を生成しています...

Excelで商品コードを基にデータを3つに分割する方法はいくつかあります。以下にいくつかの方法を紹介します：

1. 関数を使う方法

LEFT関数、MID関数、RIGHT関数を使って、商品コードを分割することができます。

2. 区切り位置機能を使う方法

Excelの「区切り位置」機能を使って、特定の文字（例：ハイフンやスペース）で区切られたデータを分割することができます。

3. TEXTSPLIT関数を使う方法

Excelの新しい関数**TEXTSPLIT**を使うと、文字列を簡単に分割できます。

4. フラッシュフィル機能を使う方法

Excelの**フラッシュフィル**機能を使うと、パターンに基づいてデータを自動的に分割できます。

1. 分割したいデータの例を隣のセルに入力します。

2. 「データ」タブをクリックし、「フラッシュフィル」を選択します。

これらの方法を使って、商品コードを効率的に分割できます。どの方法が最適かは、具体的な商品コードの形式や分割したいデータの内容によります。試してみてくださいね！ 1 2 3

図2の回答では、Copilotは以下のような複数の方法を提案してくれました。

1. 関数を使う方法
2. 区切り位置機能を使う方法
3. TEXTSPLIT関数を使う方法
4. フラッシュフィル機能を使用する方法

これらの方法の中から、データの形式や分割の複雑さに応じて最適な方法を選択することができます。

図3 Copilotによる回答の例。関数を使用する方法について詳しく回答している

特定の方法についてさらに詳しく知りたい場合は、「○○の方法についてもう少し詳しく説明してください。」とさらに質問することで、より深い理解を得ることができます。

ここでは、「関数を使用する方法について詳しく教えてください。」と追加で質問してみましょう。すると、Copilotは関数の使い方をさらに詳しく説明してくれました（**図3**）。しかし、実際の自分のデータとは異なっているため、文字列のパターンが違います。

そこで、実際に対象としたいデータの例（LT-0123-M_BK）を伝えて、より具体的な説明を求めることにしましょう。

例えば、「私のデータの商品コードは「LT-0123-M_BK」のようなパターンです。この場合、どのように関数を使えばいいですか?」と質問してみます。

　すると、商品コードの先頭部分「LT」、商品コードの中間部分「0123」、商品コードの末尾部分「M_BK」をそれぞれ取り出す関数の式を提示して、やり方を説明してくれました（**図4**）。

　このように、自分の具体的な状況を伝えることで、より適切で実用的なアドバイスを得ることができます。また、最初の回答で十分な情報が得られなかった場合でも、追加の質問をすることで、自分のニーズに合った解決策を見つけることができます。

図4　Copilotによる回答の例。プロンプトで提示したパターンの商品コードを分割するための関数の使い方を具体的に説明している

Column　個人情報や機密情報の入力は注意が必要

　自社のデータをCopilotのプロンプトに入力して送信する際は、送信しても問題ないかどうかを慎重に考える必要があります。というのも、送信した内容をCopilotが学習し、ほかのユーザーに対する回答にそれを含めてしまう恐れがあるからです。個人情報や機密情報をプロンプトに入力するのには、細心の注意が必要です。

　法人向けに提供されている有料版Copilotの場合、一般的にセキュアな環境にあり、データの保護とプライバシーに関する厳格な運用方針が適用されています。画面の右上にあるアカウントのアイコンの隣に、「商用データ保護」が有効になっていることを表す緑色の盾マークが表示されていれば、プロンプトの内容は保護されており、学習の対象にもなりません（**図A**）。安心して利用できます。

　一方、無料版Copilotを使用する際は注意が必要です。セキュリティやプライバシーの保護レベルが有料版ほど高くない可能性があります。無料版の場合は、以下の対策を取ることをお勧めします。

　例えば、実際のデータを送信するのは避け、ダミーデータを使用することを検討しましょう。実際のデータが「LT-0123-M_BK」であれば、その代わりに「XX-1111-A_BC」などのパターンを使用します。データの構造は保持しつつ、具体的な情報はダミーに置き換えることで、セキュリティリスクを最小限に抑えられます。

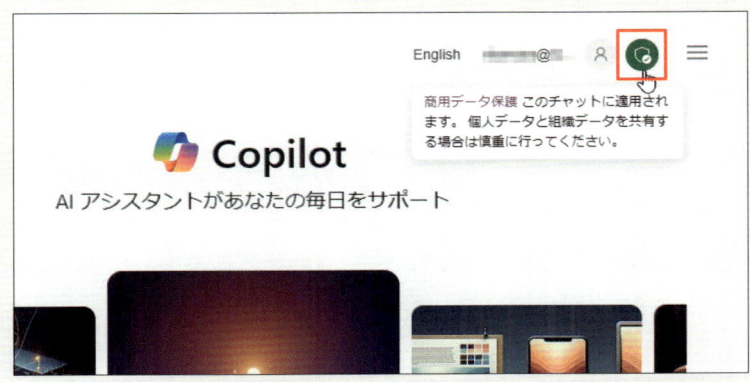

図A 法人向けに提供されている汎用Copilotには、「商用データ保護」が有効になっており、会話の内容が漏洩したり、AIの学習に使用されたりすることがないように配慮されている。商用データ保護は、緑色の盾マークで示される

2. 「あと1歩質問」によるExcel活用

「あと1歩質問」は、具体的な問題や疑問に対してピンポイントでアドバイスを求める方法です。この方法は、Excelの使用中に遭遇した特定の課題や、うまく動作しない数式のトラブルシューティングに特に有効です。

図5は、セルE10に入力した数式が「#NAME?」というエラーを表示している例です。これを解決するために、Copilotに質問してみましょう。

	A	B	C	D	E	F
1	年月	営業担当者A	営業担当者B	営業担当者C	四半期合計	
2	2024年1月	1,500,000	1,200,000	1,800,000	4,500,000	
3	2024年2月	1,700,000	1,350,000	1,650,000	4,700,000	
4	2024年3月	1,900,000	1,550,000	2,100,000	5,550,000	
5	2024年4月	1,600,000	1,400,000	1,950,000	4,950,000	
6	2024年5月	1,800,000	1,500,000	2,050,000	5,350,000	
7	2024年6月	2,000,000	1,700,000	2,200,000	5,900,000	
8	第1四半期合計	5,100,000	4,100,000	5,550,000	14,750,000	
9	第2四半期合計	5,400,000	4,600,000	6,200,000	16,200,000	
10	上半期平均	1,750,000	1,450,000	1,958,333	#NAME? ← このエラーを何とかしたい	
11						

図5 数式エラーの例。セルE10に「#NAME?」というエラーが表示されている

エラーの解決方法についてCopilotに質問する際は、次のようなプロンプトを使用するとよいでしょう。〇〇の部分に実際のエラー表示やエラーメッセージを入れて質問してください。

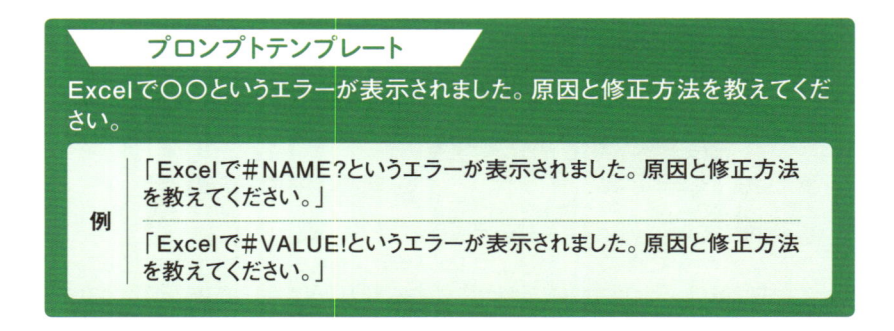

プロンプトテンプレート

Excelで〇〇というエラーが表示されました。原因と修正方法を教えてください。

例
「Excelで#NAME?というエラーが表示されました。原因と修正方法を教えてください。」

「Excelで#VALUE!というエラーが表示されました。原因と修正方法を教えてください。」

ここでは、セルE10に「#NAME?」というエラーが表示されているので、「Excel
で#NAME?というエラーが表示されました。原因と修正方法を教えてくださ
い。」と質問してみましょう。すると、「#NAME?」というエラーの主な原因と修正
方法について詳細に説明してくれます（**図6**）。「関数名のスペルが間違ってい
る」「文字列が『"』でくくられていない」などの理由が挙げられました。

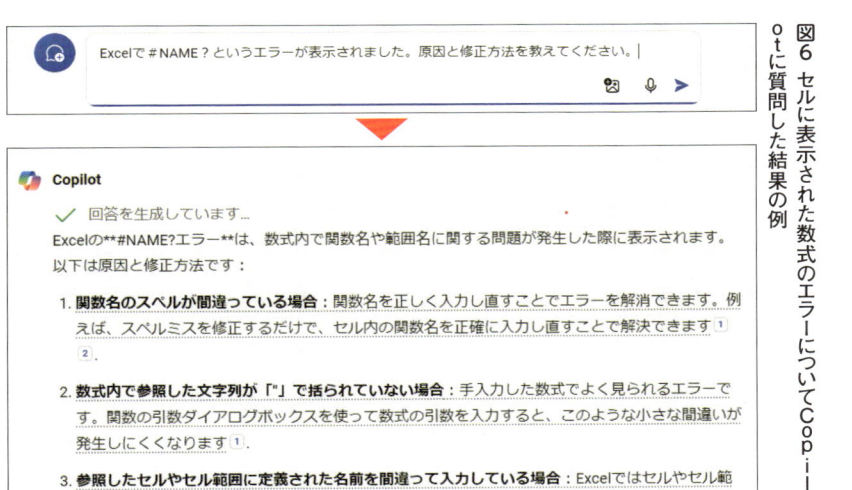

図6　セルに表示された数式のエラーについてCopilotに質問した結果の例

なお、エラーの解決には、エラーメッセージを正確に伝えることが重要です。
Excelの数式で発生する主なエラー表示とその意味は以下の通りです。

エラー表示	意味
#VALUE!	不適切なデータ型の使用
#NAME?	存在しない関数名や範囲名の使用
#DIV/0!	0による除算
#REF!	無効なセル参照
#NUM!	無効な数値や計算結果

さて、Copilotが教えてくれたエラーに関する詳細情報を基に、さらに具体的なアドバイスを求めることもできます。

　それには、エラーとなっているセルに入力されている実際の数式を、Copilotに提示します（**図7**）。ここでは、「＝AVERGE（E2:E7）」という数式が入っていたので、それをコピーして「実際のセルには「＝AVERGE（E2:E7）」と入力しています。どのように修正すればいいですか?」と質問します。

　すると、Copilotは入力した数式「＝AVERGE（E2:E7）」には、関数名のスペルミスがあることを指摘してくれました（**図8**）。そして正しい関数名を教えてくれています。今回は「AVERAGE」という関数名を「AVERGE」と誤って入力して

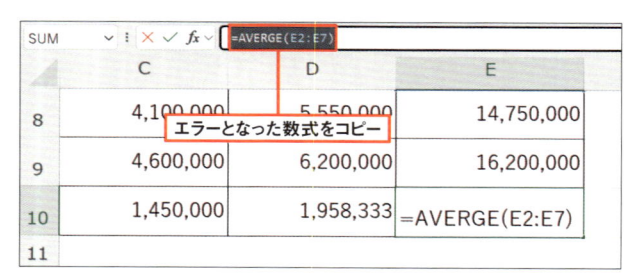

図7　セルE10の数式を数式バーからコピーする。これを用いてCopilotへの追加質問をする

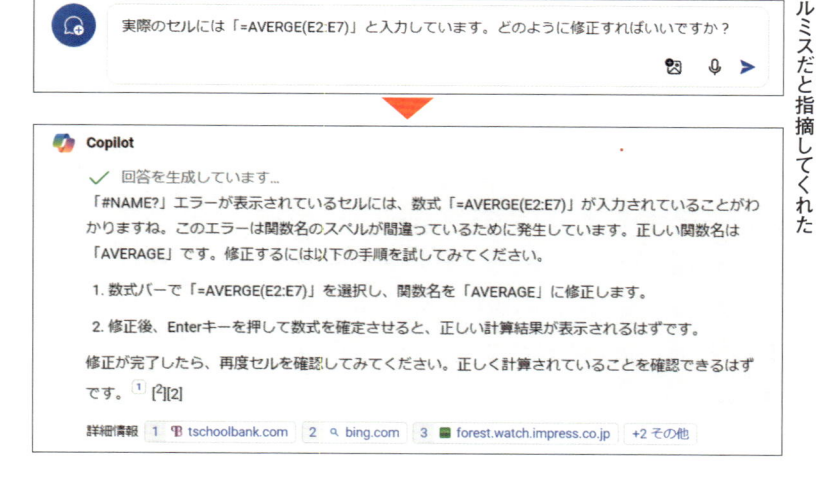

図8　「＃NAME?」エラーの原因は、関数名のスペルミスだと指摘してくれた

いたことが「＃NAME?」エラーの原因でした。Copilotは、「＝AVERAGE（E2:E7）」という正しい数式も提示してくれています。

　この修正を行うことで、E2からE7までのセルの平均値を正しく計算できるようになります。Copilotは、修正後に「＃NAME?」エラーが解消され、正しい計算結果が表示されるはずだと説明しています。

　このように、具体的な数式を提示することで、エラーの原因をピンポイントで特定し、正確な修正方法を得ることができます。Copilotの指摘により、単純なスペルミスが思いもよらぬエラーを引き起こす可能性があることも再確認できました。

　あと1歩質問を活用する際は、問題が起きている状況をできるだけ具体的に説明することが重要です。例えば、

- ●エラーメッセージの正確な内容
- ●使用している数式
- ●関連するセルのデータ型（数値、テキスト、日付など）
- ●これまでに試したトラブルシューティング方法

といった情報をプロンプトに含めることで、Copilotはより正確で効果的な解決策を提案できます。

　あと1歩質問は、単にエラーを解決するだけでなく、Excelの機能や数式についての理解を深める機会にもなります。Copilotの説明を通じて、エラーの原因や適切な数式の使い方を学ぶことができるのです。

3.「言語処理の依頼」によるExcel活用

　「言語処理の依頼」は、Excelで扱うのが難しい自然言語処理をCopilotにまかせることで、作業効率を大幅に向上させる方法です。この方法は、テキストデータの分類、抽出、翻訳、要約など、本来は人間の判断が必要になる作業を自動化する際に特に有効です。

例として、**図9**のよう商品一覧表で、A列の「商品名」に応じた「商品分類」をB列に入力する作業を考えてみましょう。それぞれの商品がどのような分類に当てはまるかは、通常、人間が判断するものです。しかしCopilotに頼めば、その自然言語処理能力を生かして、分類を推測してくれます。

　Copilotは大量の情報を学習したAIなので、さまざまな商品の名前と商品分類との結び付きも学習しています。そのため、例えば「ワイヤレスマウス」に対して「周辺機器」「パソコン関連機器」などと適当な分類名を自動で割り当てることもできます。ただし、それだとユーザーが普段利用している商品分類とは異なる名称が使われてしまうかもしれません。そこで、分類名の候補があらかじめ決まっているなら、それをプロンプトで提示して、その中から選ばせるようにするのが確実です。

　従って、次のような形式でプロンプトを作成するとよいでしょう。

> ### プロンプトテンプレート
>
> 次の〇〇を基に△△を推測してください。△△は以下から選択してください：[選択肢1, 選択肢2, …]。回答は表形式でお願いします。
> （ここに〇〇の一覧を貼り付ける）
>
> **例**
>
> 「次の商品名を基に商品分類を推測してください。商品分類は以下から選択してください：[オフィス用品, PC関連機器, デジタル機器]。回答は表形式でお願いします。」
>
> 「次の文章を基に感情を分類してください。感情は以下から選択してください：[満足, 不満, 怒り, 悲しみ, 驚き]。回答は表形式でお願いします。」

　ここでは、プロンプトに「次の商品名を基に商品分類を推測してください。商品分類は以下から選択してください：[オフィス用品, PC関連機器, デジタル機器]。回答は表形式でお願いします。」と入力した後、Excelシート上の商品名一覧をコピーして貼り付けます（**図10**）。貼り付ける際は、プロンプトの入力欄を右ク

図9 A列の「商品名」に応じて、B列に「商品分類」を入力したい。1つずつ人間が判断して手入力していくのは大変だが、Copilotに分類を考えてもらえば、作業効率が大幅にアップする

	A	B	C
1	商品名	商品分類	価格
2	ハイパフォーマンスノートPC		129,800
3	ワイヤレスマウス		3,980
4	4Kモニター 27インチ		54,800
5	多機能プリンター		39,800
6	エルゴノミックチェア		32,000
7	ノイズキャンセリングイヤホン		29,800
8	USBハブ 7ポート		3,980
9	外付けSSD 1TB		15,800
10	スマートスピーカー		12,800
11	デジタルメモパッド		9,800
12	レーザーポインター		3,980
13	ドキュメントスキャナー		24,800
14	ワイヤレスキーボード		6,980
15			

ここに商品分類を入力したい

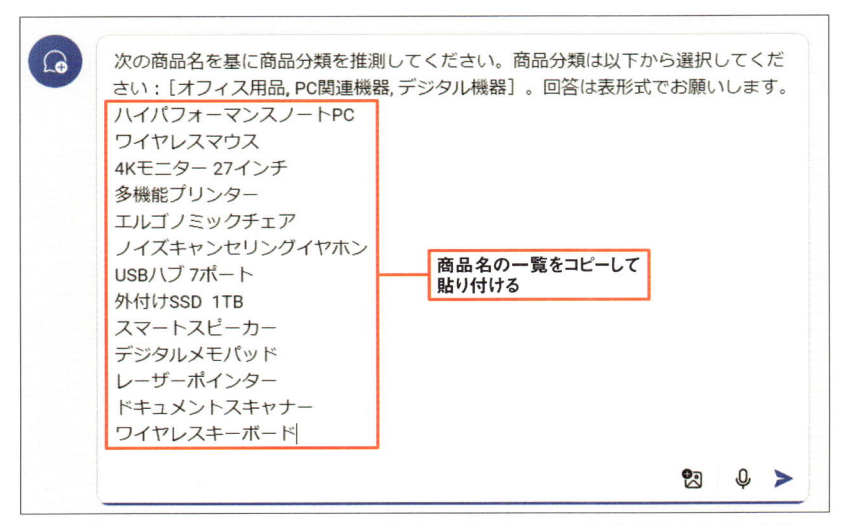

次の商品名を基に商品分類を推測してください。商品分類は以下から選択してください：［オフィス用品, PC関連機器, デジタル機器］。回答は表形式でお願いします。
ハイパフォーマンスノートPC
ワイヤレスマウス
4Kモニター 27インチ
多機能プリンター
エルゴノミックチェア
ノイズキャンセリングイヤホン
USBハブ 7ポート
外付けSSD 1TB
スマートスピーカー
デジタルメモパッド
レーザーポインター
ドキュメントスキャナー
ワイヤレスキーボード

商品名の一覧をコピーして貼り付ける

図10 「次の商品名を基に商品分類を推測してください。…」と依頼文を入力した後に、Excelから「商品名」の列をコピーして貼り付ける。このプロンプトを送信してCopilotに処理させる。なお、プロンプト内で改行するには「Shift」キーを押しながら「Enter」キーを押す

リックして、「プレーンテキストとして貼り付け」を選んでください。単に「貼り付け」を行うと、セルのイメージが画像としても貼り付けられて、無駄な処理が発生してしまいます。

　このプロンプトに対する回答の例が、**図11**です。商品名を基に、Copilotが自動で商品分類を推測し、表形式で結果を提示しています。各商品に対して適切な分類が行われていることがわかります。

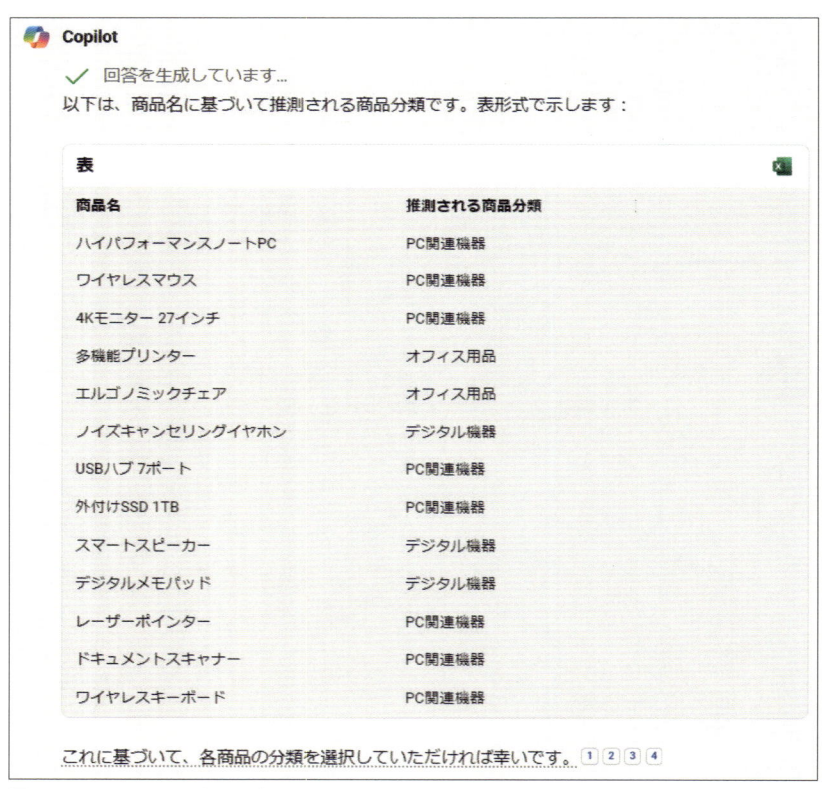

図11 Copilotによる商品分類の推測結果の列。依頼した通り、表形式で出力されている

言語処理の結果をコピーする2つの方法

この結果を活用する方法はいくつかあります。まず、表示された結果をそのま
まドラッグして選択し、コピーしてExcelに貼り付けることが可能です。これにより、
Copilotの推測結果をExcelシートに反映させることができます。

ただし、ドラッグしてコピーする方法では、Copilotが出力した表全体をコピー
することしかできません。すなわち、目的のデータ以外（ここでは「商品名」の列）
もすべてコピーされてしまいます。そこで、元の表とは別の場所にいったん貼り付
けて、その後に改めて目的のデータ（ここでは「商品分類」の列）だけをコピーし
て、元の表に貼り付けるとよいでしょう（**図12**）。

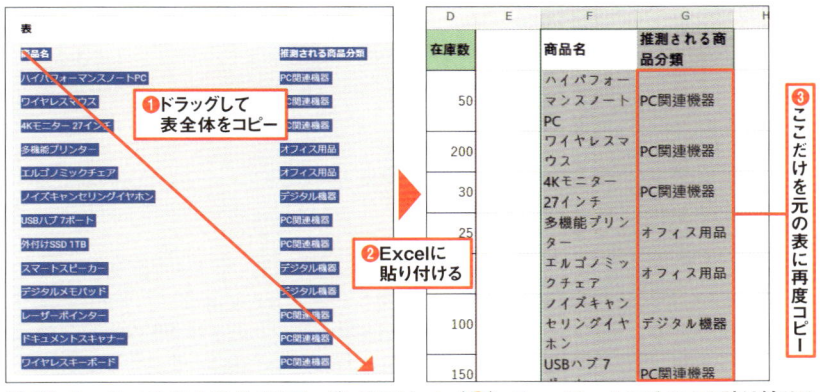

図12 Copilotの出力結果をドラッグしてコピーし（❶）、Excelシートにそのまま貼り付ける
（❷）。ただし、商品分類だけでなく商品名まですべてコピーされてしまうため、いったん元の表
とは別のセル範囲に貼り付けてから、商品分類だけを再度コピーするとよい（❸）

また、Copilotが出力した表の右上に表示されている「Excelで編集」アイコン
を利用する方法もあります。このアイコンをクリックすると、表がそのままオンライン
版Excelにエクスポートされ、オンライン版Excel上で編集可能になります（次
ページ**図13**）。ここから必要なデータだけを選択してコピーし、自分の手元にある
Excelファイルに貼り付けることもできます。

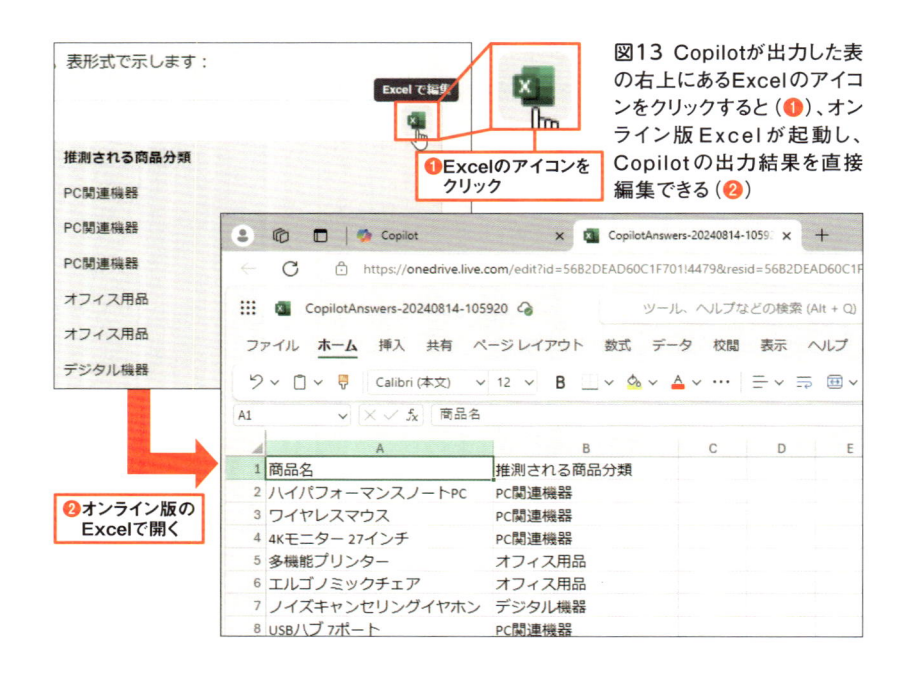

図13 Copilotが出力した表の右上にあるExcelのアイコンをクリックすると（❶）、オンライン版Excelが起動し、Copilotの出力結果を直接編集できる（❷）

> ### 📝 memo
>
> 　オンライン版Excelを利用するには、Microsoftアカウントまたは組織アカウントでのサインインが必要です。また、オンライン版Excelにエクスポートされた表は、サインインしているMicrosoftアカウントのクラウドストレージ「OneDrive」内に「CopilotAnswers-（日付）-（時刻）」のようなファイル名で自動保存されます。

　以上のようにCopilotを活用することで、大量の商品データの分類作業を効率的に進めることができます。人間が1つずつ判断して入力する必要がなくなり、作業時間を大幅に短縮できるでしょう。もちろん、最終的な確認は人間が行う必要がありますが、Copilotの推測結果を基に作業を進めることで、全体的な効率がアップします。

　この方法は商品分類の推測に限らず、さまざまな自然言語処理タスクに応用

可能です。例えば、顧客のレビューやアンケートの記述を対象に、満足、不満、怒りといった感情分析を行ったり、長文のレポートの要約文を自動生成させたりと、幅広い用途に活用できるでしょう。

4. そのほかの依頼（コード生成）

そのほかの依頼、特に「コード生成」は、Excelを自動化するためのマクロ（VBA）のコードをCopilotに生成してもらうというものです。この方法を使うことで、プログラミングの専門知識がなくても、複雑で面倒なタスクの自動化を実現することができます。

プロンプトには「Excel VBAで次の処理を行うコードを出力してください」と指示を入れ、その後に具体的な処理の内容を箇条書きするのがポイントです。

> **プロンプトテンプレート**
>
> Excel VBAで次の処理を行うコードを出力してください。
> （続けて処理内容を書く）
>
> **例** 「Excel VBAで次の処理を行うコードを出力してください。全シートの図形を削除、全シートの2行目以降のセルの塗りつぶしをクリア」

Copilotを使ってマクロのコードを生成することで、以下のような複雑な処理も自動化することができます。

- ●複数のシートやブックにまたがるデータ処理
- ●条件付き書式の一括適用
- ●カスタムレポートの自動生成

実際にコードの生成を依頼した例が次ページ**図14**です。ただし、マクロの使

用には注意が必要です。生成されたコードをそのまま使用する前に、その内容を理解し、必要に応じて調整することが重要です。万一、Copilotが生成したコードにバグ（不具合）が含まれていると、大切なデータが消されてしまうなど、思わぬトラブルを招くこともあるからです。

　Copilotによるマクロのコード生成は非常に強力なツールですが、その使用方法や注意点について詳しく説明する必要があります。そのため、マクロのコード生成の詳細な使用方法については、本書の第7章にて詳しく解説します。第7章では、実際の活用例を交えながら、マクロの効果的な活用方法について学んでいきます。

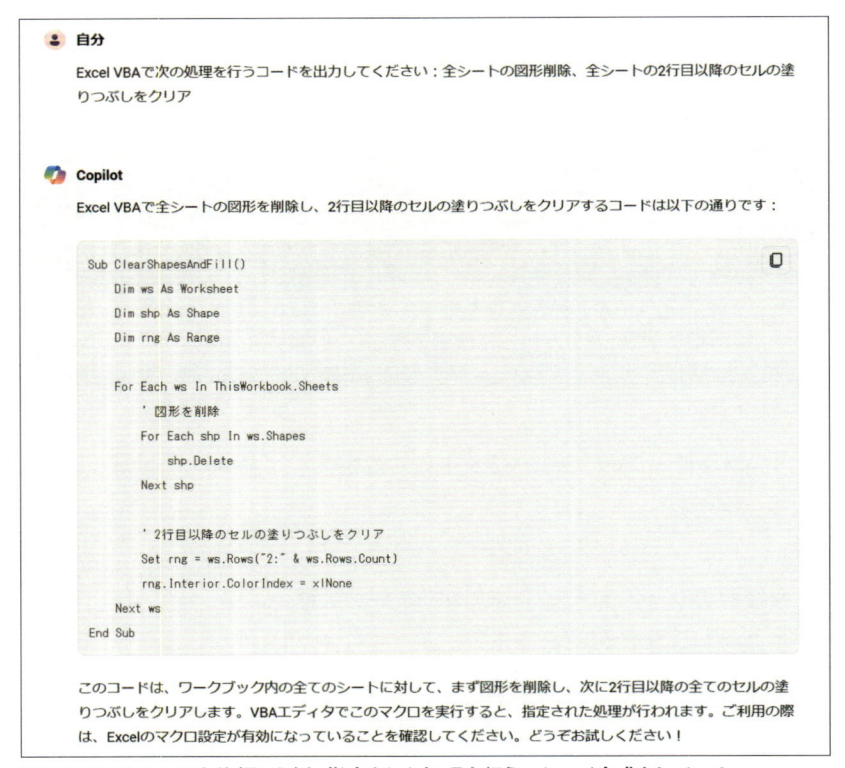

図14 VBAのコードを依頼した例。指定された処理を行うマクロが生成されている

Section
04

スクリーンショットの活用で
Copilotに効果的に質問

Copilotから的確な回答を得られないと、「AIなんて役に立たない」とがっかりするかもしれません。しかし、Copilotが適切に回答できないのは、情報が足りていないためという可能性もあります。人にものを尋ねるときも、適切な聞き方をしないと、望んだ内容の答えは得られないでしょう。Copilotに質問する際も、必要な情報を与えて、適切な言葉で質問する必要があります。

Excelに関して質問するときは、Excelの状況を詳しく伝えることが大切です。そこで活用したいのが、画面の見た目をそのまま画像にした「スクリーンショット」です。Copilotには実は、画像解析の能力もあります。質問する際に、スクリーンショットを画像として添付することで、より簡単かつ効率的に状況を伝えられます。ここで、スクリーンショットの撮影方法と活用方法について説明します。

ショートカットキーを使ったスクリーンショット撮影

Windowsでスクリーンショットを撮影するには、「Windows」キーと「Shift」キーを押しながら「S」キーを押す方法が簡単です。すると、画面が暗くなるとともに、上端にツールバーが表示されます（次ページ**図1**）。標準では「四角形」という切り取りモードになっているので、必要な部分をドラッグして選択します。

memo

より効果的なスクリーンショットを撮影するには、以下の点に注意しましょう。
- 問題が発生しているセルだけでなく、関連するデータ範囲を含める
- 数式バーを表示し、使用されている数式を明確に示す
- エラーメッセージがある場合は、それも含める

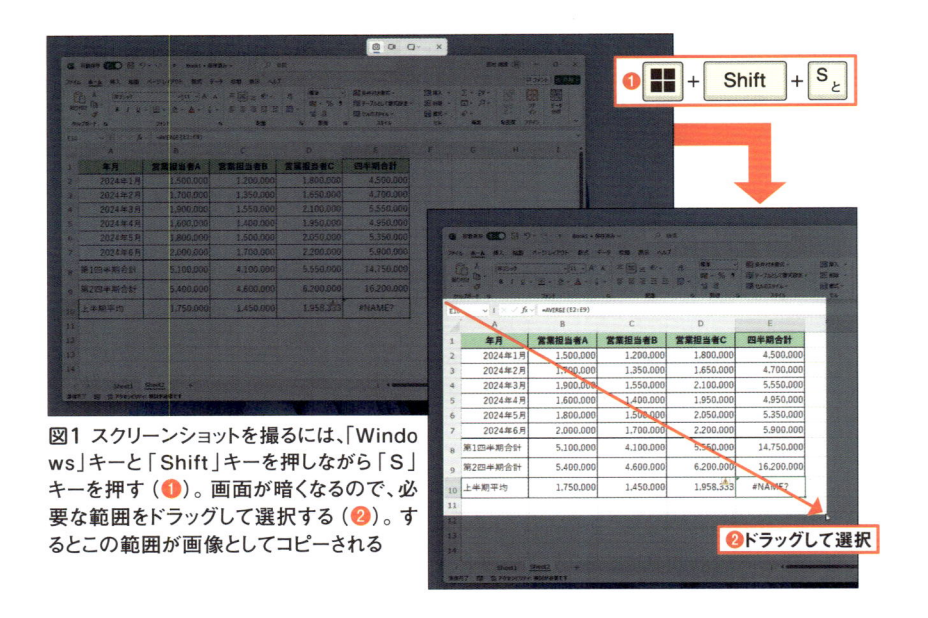

図1 スクリーンショットを撮るには、「Windows」キーと「Shift」キーを押しながら「S」キーを押す（❶）。画面が暗くなるので、必要な範囲をドラッグして選択する（❷）。するとこの範囲が画像としてコピーされる

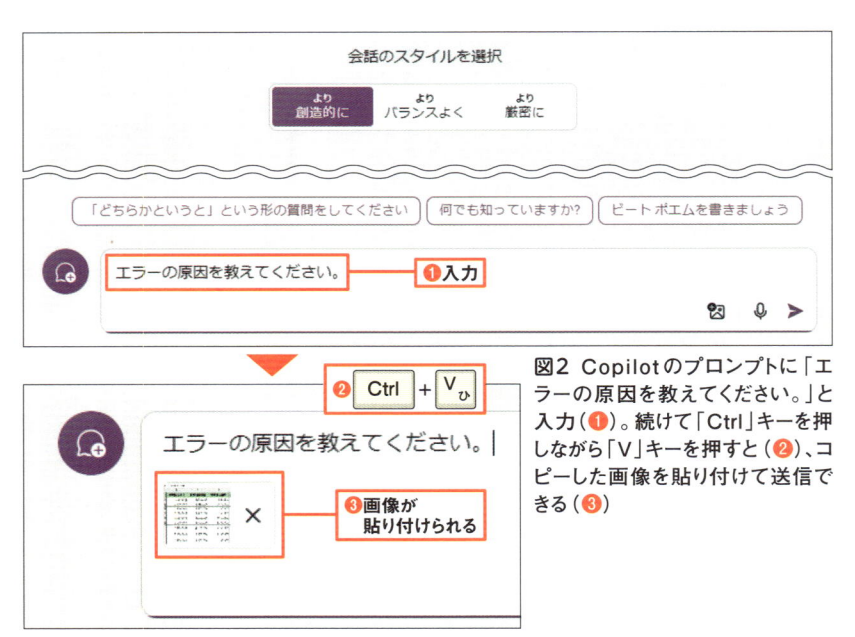

図2 Copilotのプロンプトに「エラーの原因を教えてください。」と入力（❶）。続けて「Ctrl」キーを押しながら「V」キーを押すと（❷）、コピーした画像を貼り付けて送信できる（❸）

続いて、Copilotに質問をしましょう。「エラーの原因を教えてください。」などと入力したうえで、「Ctrl」キーを押しながら「V」キーを押すと、コピーされたスクリーンショットを貼り付けることができます（**図2**）。これを送信すれば、画像の解析が行われ、エラーのセルについて、その原因を推測して回答してくれます。

なお、Copilotに質問するときの「会話のスタイル」は、「より創造的に」または「より厳密に」へと変更したほうが、より正確に画像を読み取れるようです。

今回はCopilotから**図3**のような回答を得られました。スクリーンショットから数式の内容などを把握し、エラーの原因を正確に指摘してくれています。

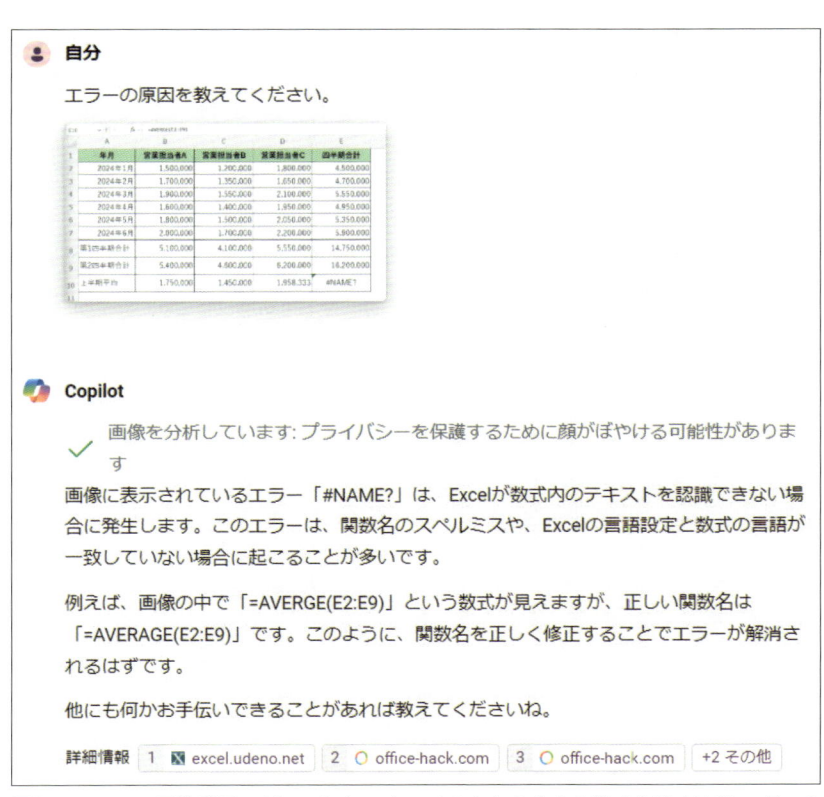

図3 Copilotの回答結果の例。スクリーンショットから表の内容や数式を読み取り、エラーの原因を正確に指摘してくれた

Copilotの画像解析は、完璧ではない点に注意

スクリーンショットを活用することで問題の説明が容易になりますが、Copilotの画像解析は完璧ではありません。以下の点に注意してください。

●セルの内容の認識精度

Copilotはセルの数値や文字列を完全に認識できないことがあります。そのため、画像解析結果の過信は禁物です。

●回答の確認

必ずCopilotの回答の正確性を確認してください。特に、数値や数式に関する回答は、実際のExcelシートで検証することをお勧めします。

●テキストによる補足

画像だけでなく、テキストによる補足説明も加えることで、より正確な情報をCopilotに提供できます。例えば、「セルC2には数値100が入力されています」といった具体的な説明を追加するとよいでしょう。

これらの点に注意しながらスクリーンショットを活用することで、より効果的にCopilotの支援を受けることができます。画像とテキストを組み合わせた説明を心がけ、常に結果を検証する姿勢が大切です。

Column　Windows搭載版Copilotはスクショが簡単

Windows 11に搭載されているCopilot（Copilot in Windows）には、画面のスクリーンショットを撮影して質問する機能があります［注］。ハサミの絵柄の「Add a screenshot」ボタンを押すと、スクリーンショットを撮るモードになるので、必要な範囲をドラッグして選択します（**図A**）。すると画面に文字を書き込んだりするためのツールバーが現れますが、そのままチェックマークをクリックして完了しましょう。するとスクリーンショットがプロンプトに貼り付けられるので、「エラーの原因を教えて」などと指示を加えて送信します。これで、Copilotがエラーの原因を推測して解説してくれるとともに、解決策を提案してくれます。

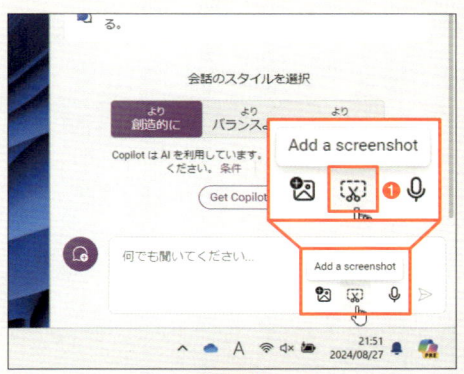

図A タスクバーの「Copilot」ボタンを押してWindows搭載版Copilotを起動。ハサミの絵柄の「Add a screenshot」ボタンをクリックすると（❶）、画面全体が暗くなるので、スクリーンショットを撮りたい範囲をドラッグして選択する（❷）。表示されるバーの右端にあるチェックマークのボタンを押すと（❸）、スクリーンショットがプロンプトに貼り付けられる（❹）。「エラーの原因を教えて」などと入力して送信しよう（❺）

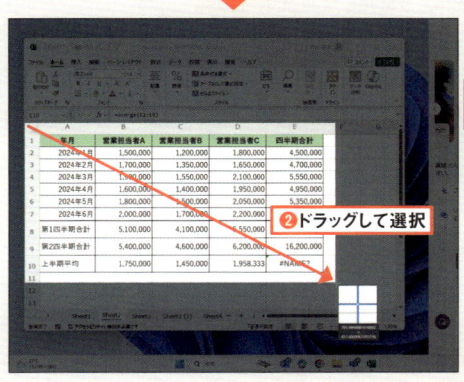

❷ドラッグして選択

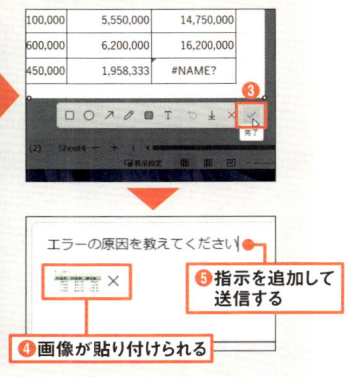

❺指示を追加して送信する

❹画像が貼り付けられる

［注］Windows搭載版Copilotは今後、単独のアプリに変更される予定で、将来的にこの機能はなくなる可能性もある

第2章

Excel専用Copilot を活用する前に

01 Excel専用Copilotを使うための要件

02 Excel専用Copilotの現状と今後への期待

03 Excel専用Copilotは「テーブル」を操作対象にする

04 外部のCSVファイルなどからテーブルを作成する

この章で学ぶこと

- Excel専用Copilotを使うための準備と設定方法
- Excel専用Copilotの機能と今後の可能性
- ExcelのテーブルとCopilotの関係
- Copilotの効果を最大限に引き出すテーブルの使い方

Excel × Copilot

佐藤君

Excelの中でもCopilotが使えるって聞いたけど、どんなことができるのかな？ 表を作成したり、分析したり、なんでもまかせられるのかな？

コパイロ君

そうだよ。有料にはなるけれど、ライセンスを取得すれば、Excel専用のCopilotを利用できる。データを集計したり、抽出したり、強調したりできるし、集計表やグラフの作成もサポートしてくれるよ。

へぇ〜、それは助かるなあ。それじゃ、「今期の売り上げが伸び悩んだ原因を教えて」みたいなことを聞いてもいいの？

そこまでできればいいのだけど、深い洞察や予測までは難しいかな。現状では「テーブル」形式のデータを対象に、集計や可視化を支援するのが中心的な役目になるね。

そうなんだ。でも、僕は数式とか集計とかが苦手だから、直接Excelを操作して自動でやってくれるなら、ぜひお願いしたいな。

それならまず、ExcelのCopilotで何ができるのか、どんなデータを用意すればいいのかを理解しておく必要があるね。Copilotはテーブルを使うことになるから、そもそもテーブルとは何かをしっかり学んでおこう。そうすれば、きっとCopilotをうまく活用できるようになるよ！

Excel専用Copilotを使うための要件

第1章では、主にWebページ上で利用できる「汎用Copilot」を使ってExcelの課題を解決する方法を解説しました。第2章からは、Excelに搭載される「アプリ専用Copilot」、つまり"Excel専用Copilot"を使ってみます。正式には「Copilot in Excel」と呼ばれるものです。

Excel専用Copilotは、強力な機能を持つ補助ツールですが、使用するには特定の条件を満たす必要があります。本節ではExcel専用Copilotを使うための要件と、デスクトップ版（パソコンにインストールされたExcel）とオンライン版（Webブラウザー上で利用するExcel）、それぞれの利用手順を説明しておきます。

ライセンスを取得したアカウントでサインイン

Web上などで使える汎用Copilotと同様、Excel専用Copilotを利用する際

Excel専用Copilotを使うための要件

Excel
（デスクトップ版）

ブック（ファイル）の自動保存を有効にして、OneDriveと同期した状態にする

Excel Online
（オンライン版）

そのまま利用可能

インターネット接続が必須

図1 Excel専用Copilotを使うには、ライセンスを取得する以外にも要件がある。デスクトップ版Excelで利用する場合は、ブックの自動保存を有効にして、OneDriveと同期した状態にする必要もある

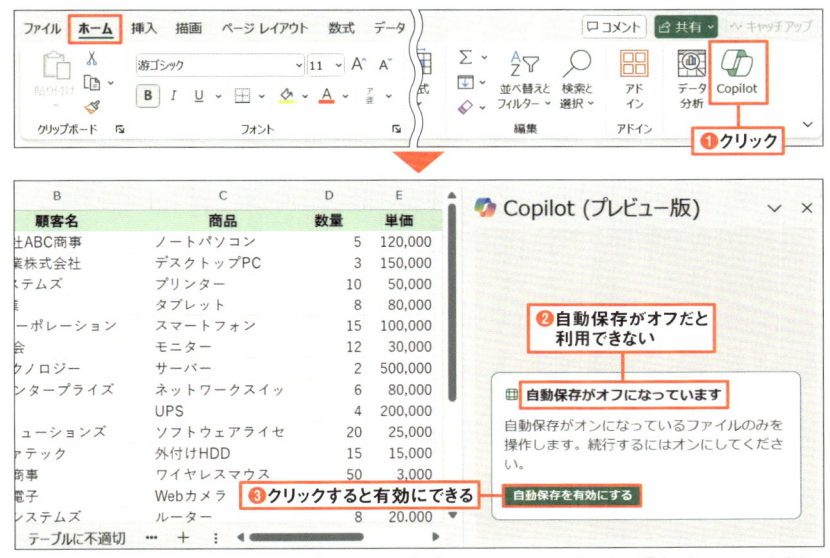

図2 「ホーム」タブの右端にある「Copilot」ボタンをクリックすると（❶）、シートの右側にCopilotを利用するためのウインドウが開く。ただし、ブックがOneDriveと同期するフォルダーに保存されていない場合、下図のようなメッセージが表示されてCopilotを利用できない（❷）。「自動保存を有効にする」をクリックすると（❸）、ブックがOneDriveと同期するフォルダーにコピーされ、Copilotも有効になる

も、インターネット接続は必須です。オフラインでは利用できません。この点はWindows 11が搭載するCopilotなどと同じです（**図1**）。

　また、操作対象とするブック（ファイル）は、クラウドストレージの「OneDrive」上にあるか、OneDriveと同期したフォルダーに保存されている必要があります。そのため、MicrosoftアカウントもしくはMicrosoft 365の組織アカウントでサインインしておく必要があります。

デスクトップ版Excelでの利用方法

　上記の通り、Excel専用Copilotを使うには、ブックをOneDriveと同期させておく必要があります。そのため、デスクトップ版ExcelでCopilotを利用する際は、

第2章
Excel専用Copilot
を活用する前に

ブックの保存場所にも注意しなければなりません。ブックの保存場所によって、Copilotを使えるブックと使えないブックができてしまいます。

　Excel専用Copilotを使うには、「ホーム」タブの右端に表示される「Copilot」ボタンをクリックしますが、ブックがOneDriveと同期されていないと、「自動保存がオフになっています」と表示され、Copilotを利用できません（前ページ**図2**）。

　ここでいう「自動保存」とは、ブックをOneDriveと同期したフォルダーに置いて、定期的に自動保存（アップロード）する機能のことです。これを有効にすると、ブックはOneDriveと同期中のフォルダーにコピーされ、自動的に保存されるようになるとともに、Copilotを利用できるようになります。「自動保存」を有効にするには、図2下のメッセージにある「自動保存を有効にする」をクリックするか、画面左上にある「自動保存」のスイッチを「オン」にします（**図3**）。新規ブックの場合は、名前を付けるように求められます。

　なお、OneDriveと同期していないフォルダーに保存されていたブックを開いて「自動保存」を有効にすると、そのブックのコピーがOneDriveと同期中のフォルダーに保存され、そのコピーされたブックで編集を続けることになります。そのため、自動保存を有効にする前のオリジナルのブックと間違わないように注意が必要です。せっかくCopilotで編集や分析をしても、その後にオリジナルのブックを開いてしまうと「元のブックに戻っている！」と誤解してしまいます。

　「自動保存」を有効にしたとき、OneDriveのどのフォルダーにコピーされるかは環境によって異なります。通常は「ドキュメント」の直下に保存されますが、Excelの画面上端に表示されるブック名の部分をクリックして、保存場所を確認

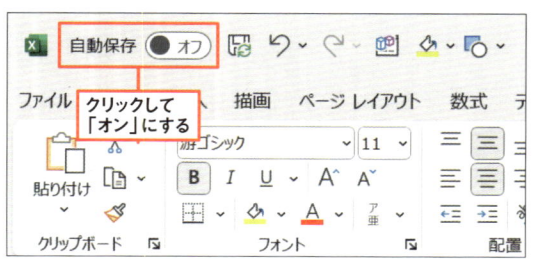

図3 画面の左上隅にある「自動保存」のスイッチをクリックして「オン」にすると、自動保存を有効にできる。なお、ブックはOneDriveフォルダーにコピーされ、そこで引き続き編集することになるので、ブックの場所を間違わないようにしよう

しておくとよいでしょう。

　そのような混乱を避けたいなら、最初からOneDriveと同期したフォルダーに
ブックを保存しておき、そこから開いてCopilotを利用するのが無難です。

オンライン版Excelでの利用方法

　一方、オンライン版Excelでは、特別な設定なしでCopilotを利用できます。
WebブラウザーでOneDriveのページを開いて、ライセンスを取得したアカウント
でサインインすればOKです。ブックを保存したフォルダーを開いてブックをクリック
すれば、オンライン版Excelが起動します。「ホーム」タブにある「Copilot」ボタン
をクリックすれば、Excel専用Copilotを使用できます（**図4**）。

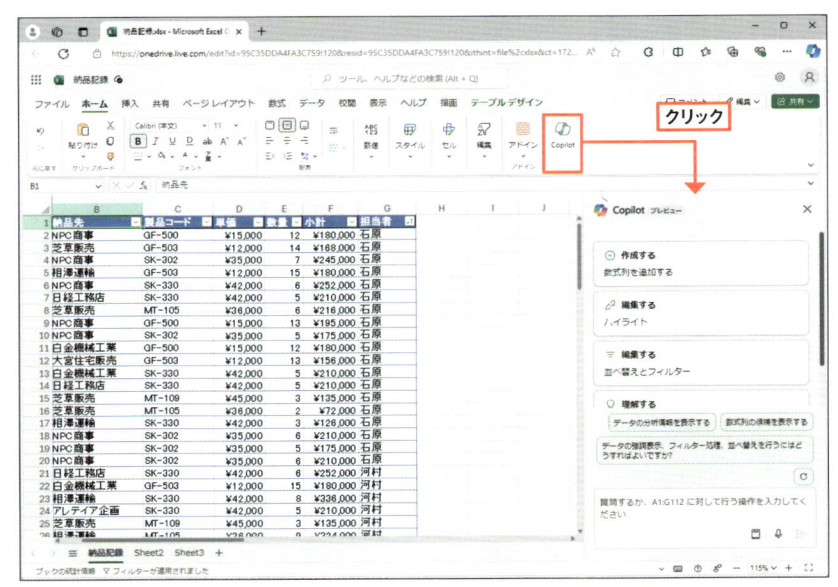

図4 ブラウザーでOneDriveにアクセスし、保存されているブックをクリックして選ぶと、オンラ
イン版Excelで開く。「Copilot」ボタンをクリックすると、右側にExcel専用Copilotが開く

Excel専用Copilotの現状と今後への期待

Excel専用Copilotは、データ処理や分析を効率化する強力なツールです。2024年8月現在の機能と、今後期待される進化について解説します。Copilotは随時アップデートされていますので、機能はどんどん拡充していくでしょう。

現在のCopilotでできること

Excel専用Copilotの現時点での主な機能は、データの加工・集計・可視化です。具体的なExcel操作の命令に応じて、データの集計やグラフ化、特定のデータの強調表示、計算の実行、データの抽出、データの並べ替えなどができます（**図1**）。

一方で、現在のCopilotは、データに対する深い洞察や予測を行う能力には

Excel専用Copilotで何ができる？

⭕できること	❌できないこと
データの加工・集計・可視化 「〇〇を集計して」 「〇〇をグラフ化して」 「〇〇を強調して」 「〇〇を計算して」 「〇〇を抽出して」 「〇〇を並べ替えて」　など	**データに対する深い洞察や予測** 「今期の業績はどんな傾向？」 「〇〇の売上成長率の内訳は？」 「売上が伸び悩んだ要因を可視化」 「もし〇〇の前期の施策を継続していたら、今期はどうなった？」　など

図1 Excel専用Copilotに頼めることは、データの加工・集計・可視化が中心となる。マイクロソフトのデモ動画では、データに対する洞察や予測も可能になると紹介されていたが、2024年8月時点では、そのような使い方は難しいようだ

制限があります。例えば、「今期の業績は?」「売上成長率の内訳は?」「売上が伸び悩んだ要因を可視化して」といった抽象的な質問や相談については、対応が難しいのが実情です。

しかし、マイクロソフトは2023年3月のデモ動画で、これらの機能の実現に向けたビジョンを示しています [注1]。特に注目すべきは、2023年9月に発表されたPythonとCopilotの連携です [注2]。

Pythonとは、数学や統計、データ分析によく使われるプログラミング言語のこと。このPythonとCopilotが連携することで、以下のような高度な機能が実現する可能性があります。

1. データの予測分析

例えば「今後の売上を予測して」という依頼に対して、それを実現するためのPythonプログラムのコードを生成・実行し、予測データを作成できます。

2. 高度なデータ可視化

Pythonの豊富なライブラリ(プログラミング用の部品)を活用して、より複雑なグラフや図の作成ができるようになります。

3. 機械学習の活用

気象データを基に将来の天気を予測するなど、AIを活用した高度なデータ分析が可能になるかもしれません。

 memo

現状、Copilotの回答生成にはある程度の時間がかかります。2024年8月時点での計測結果によると、タスクによっては約10〜15秒程度の所要時間がかかることもあります。もちろん、環境によって変動する可能性はありますし、今後の更新で改善されることも期待されます。

[注1]https://youtu.be/vGI6VLr8L5w
[注2]https://techcommunity.microsoft.com/t5/excel-blog/introducing-copilot-support-for-python-in-excel-advanced-data/ba-p/3928120

第2章 Excel専用Copilotを活用する前に

Excel専用Copilotは「テーブル」を操作対象にする

　Excel専用Copilotは、主に「テーブル」形式のデータを処理することを前提に設計されています。このため、Copilotを効果的に活用するには、まずExcelのテーブル機能を理解し、適切に使用することがポイントになります。

　テーブルとは、Excelの表をデータベースとして扱うための機能です。**図1**はその一例です。先頭行に列名（フィールド名）が並んでいて、2行目以降に「1行に1件」というルールでデータ（レコード）が入力されています。この体裁自体は、データベースで用いる表として一般的なものです。Excelのテーブルは、この表を通常のセル範囲ではなく、集計や絞り込みなども可能な特別な形式に変換したものです。

　Excel専用Copilotのリリース当初、その操作対象はテーブル化されたデータのみでした。しかし、本書執筆時点（2024年8月上旬）では、テーブル以外のセル

	A	B	C	D	E	F
1	商品ID	商品名	カテゴリ	ブランド	仕入原価	販売価格
2	JEANS001	スリムフィットデニム	ボトムス	デニムワークス	4,000	10,000
3	TSHIRT01	半袖プリントTシャツ	トップス	カジュアルスタイル	1,500	5,000
4	DRESS001	フローラルワンピース	ワンピース	フェミニンシック	6,000	15,000
5	TSHIRT02	無地ベーシックTシャツ	トップス	カジュアルスタイル	1,200	4,000
6	JEANS002	ワイドレッグデニム	ボトムス	デニムワークス	4,500	12,000
7	BLOUS001	シフォンブラウス	トップス	エレガントモード	2,500	8,000
8	SKIRT001	プリーツミディスカート	ボトムス	フェミニンシック	3,000	9,000
9	HIJAB001	プレーンヒジャブ	アクセサリ	モダンスリム	1,000	3,000
10	JEANS003	ハイウエストデニム	ボトムス	デニムワークス	4,200	11,000
11	TSHIRT03	ストライプTシャツ	トップス	カジュアルスタイル	1,800	6,000
12	DRESS002	レーススリーブワンピース	ワンピース	フェミニンシック	6,500	16,000
13	BLOUS002	ボウタイブラウス	トップス	エレガントモード	2,800	9,000
14	JEANS004	ダメージデニム	ボトムス	デニムワークス	4,800	13,000
15	TSHIRT04	グラフィックロゴTシャツ	トップス	カジュアルスタイル	2,000	7,000

図1 Excel専用Copilotが操作する対象は、「テーブル」という形式に変換しておくことが推奨される

範囲も処理対象となっています。

とはいえ、Copilotを最も効果的に活用するには、依然としてテーブルの使用が推奨されます。テーブル形式のデータは構造化されており、Copilotがデータを理解し処理するのに最適だからです。

「テーブル」を作成する

それでは、実際に「テーブル」を作成して、Copilotを使用する準備をしましょう。前述の通り、テーブルは先頭行に列名があり、2行目以降に「1行に1件」のルールでデータが入力されている必要があります。そのような表をまず、用意してください。

表の準備ができたら、表の中のいずれかのセルを選択し、「挿入」タブにある「テーブル」ボタンをクリックします（**図2**）。すると、「テーブルの作成」ダイアログボックスが表示されるので、設定を確認して「OK」を押しましょう。これで表がテーブルに変換されます。テーブルには自動で縞模様が付き、先頭にある列名のセルに

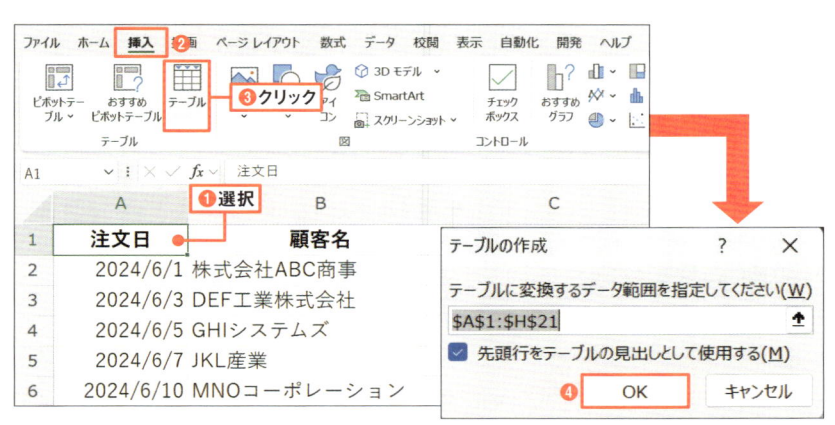

図2 先頭行に列名を並べて、「1行に1件」のルールでデータを入力した表であれば、「テーブル」に変換できる。それには表の中のセルを選択し（❶）、「挿入」タブにある「テーブル」ボタンを押す（❷❸）。すると「テーブルの作成」画面が開き、表の範囲が自動で選択されるので、確認して「OK」を押す（❹）

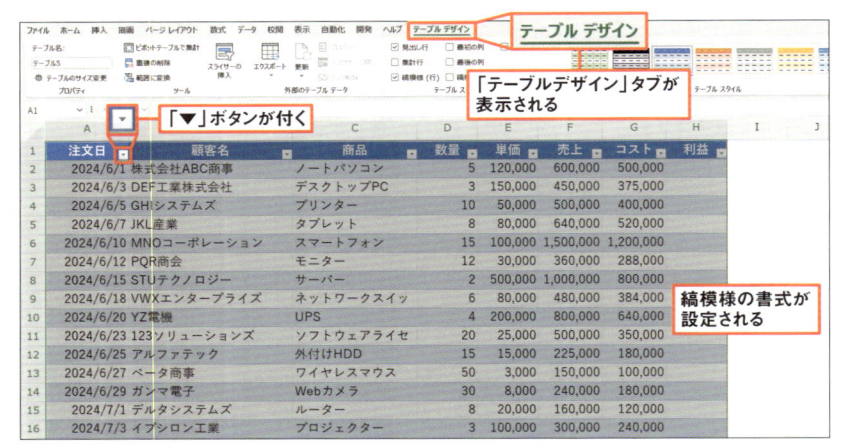

図3 表がテーブルに変換されると、先頭行のセルにそれぞれ「▼」ボタンが付き、縞模様の書式が自動設定される。テーブル内のセルを選択すると「テーブルデザイン」タブが現れ、テーブルの各種操作が行える

は、それぞれ「▼」ボタンが付きます（**図3**）。また、テーブル内のセルを選択しているときは、「テーブルデザイン」タブが表示されます。

 **memo**

　テーブルを作成すると、自動的に縞模様の書式（スタイル）が適用されます。そのため、表にセルの塗りつぶしなどを設定していた場合、テーブルのスタイルと元の色とが混ざって、かえって見づらくなることもあります。テーブルのスタイルを解除したい場合は、「テーブルデザイン」タブにあるスタイルギャラリーから「なし」を選択しましょう。すると、テーブル機能を維持しながら、元の書式に戻せます。

テーブルに名前を付ける

　テーブルを作成したら、そのテーブルに名前を付けることをお勧めします。名前を付ければ、複数のデータ範囲を簡単に区別できるので、管理がしやすくなり

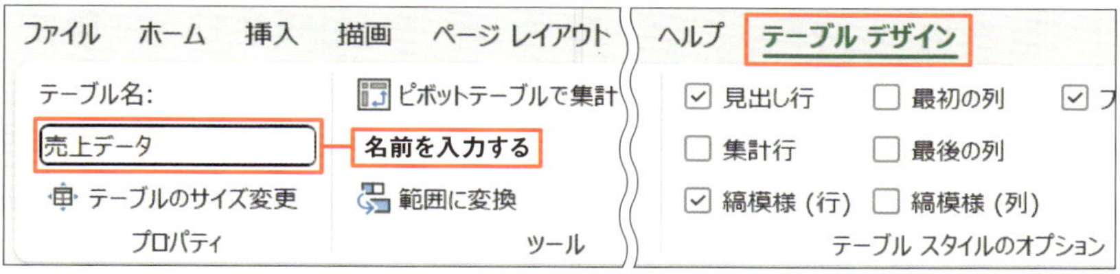

図4 「テーブルデザイン」タブの左端にある「テーブル名」のボックスに任意の名前を入れて「Enter」キーを押せば、テーブルの名前を変更できる

ます。テーブルの名前は、「テーブルデザイン」タブの左端にある「テーブル名」というボックスに表示されています。既定では「テーブル1」などとなっているので、ここに任意の名前を入力することで変更できます（**図4**）。

「構造化参照」を使用した数式の入力

テーブルにはさまざまな機能がありますが、テーブル内のデータを参照する数式の作り方も独特なので、ここで紹介しておきます。テーブル内では、データを列名で参照することができます。これを「構造化参照」と呼びます。これにより、セル参照よりも直感的で理解しやすい数式を作成できます。

例えば、「利益」列に、「売上」列の値から「コスト」列の値を引いた結果を表示する数式を立ててみましょう。数式の作り方そのものは、通常のセルと同じです。「利益」列の先頭のセルを選択したら、まず「＝」（イコール）記号を半角で入力します。続けて、参照したいセルをクリックして指定しますが、「売上」列の先頭セルをクリックすると、「@［売上］」と自動入力されます。引き算をするので、「－」（マイナス）記号を入力し、さらに「コスト」列の先頭セルをクリックすると「@［コスト］」と自動入力されます（次ページ**図5**）。

つまり、「＝@［売上］－@［コスト］」という数式で、「売上」列の同じ行の値から「コスト」列の同じ行の値を引く、という計算ができるわけです。テーブルでは、行単位で計算する数式を多用するので、個々のセルを「F2」「G2」などと指定しなくても、「@［列名］」という形でわかりやすく指定できるのです。これが構造化参

図5 「＝」を入力した後、セルF2をクリックすると「［@売上］」のように自動入力される。テーブル内では、「@［列名］」という書き方で「その列にある同じ行の値」を参照できるからだ。これを「構造化参照」という。同様にセルG2をクリックすると、数式に「［@コスト］」と指定される

照の基本的な使い方となります。

数式の自動補完

　図5のような数式が出来上がったら、「Enter」キーを押して確定しましょう。すると、「利益」列の一番下の行まで、同様の数式が一気に自動入力されます（**図6**）。テーブルの場合、先頭行に入れた数式と同じ数式をすべての行に入れるケースがほとんどでしょう。そのため、Excelが自動的に数式を補完してくれるのです。これはテーブルの大きな利点の1つです。大量のデータを扱う際の作業効率が大幅に向上します。手動で数式をコピーする必要がなくなり、ミスの減少と時間の節約につながります。

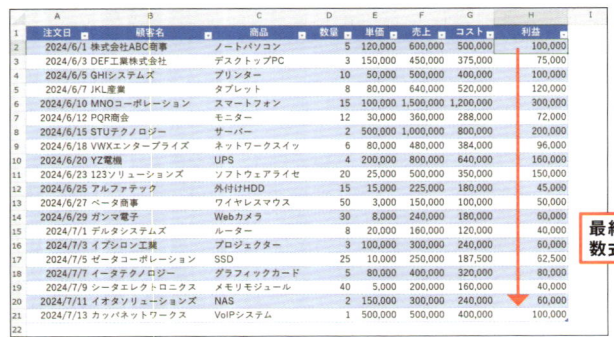

図6 先頭行に入力した数式を「Enter」キーで確定すると、テーブルの最終行まで、自動で数式が補完される

最終行まで自動で数式が補完される

テーブル作成時の注意点と推奨事項

このように、テーブル機能は非常に便利ですが、効果的に活用するためにはいくつかの注意点があります（**図7**）。これらを理解することで、より適切にテーブル機能を利用でき、Copilotが正しくデータを認識できるようになります。

1. セルの結合は避ける

テーブル内でのセル結合は避けることが推奨されます。セル結合があってもテーブル化は可能ですが、結合されたセルは空白として扱われるため、注意が必要です。

2. 列名の重複は避ける

同じテーブル内で列名の重複は避けることが推奨されます。列名の重複があってもテーブル化は可能ですが、重複した列名には自動的に「［列名］2」のように連番が付加されます。

3. テーブル名の重複はNG

同一のブック内で、重複したテーブル名を設定することはできません。テーブル名を重複させようとすると、エラーメッセージが表示されます。各テーブルには必

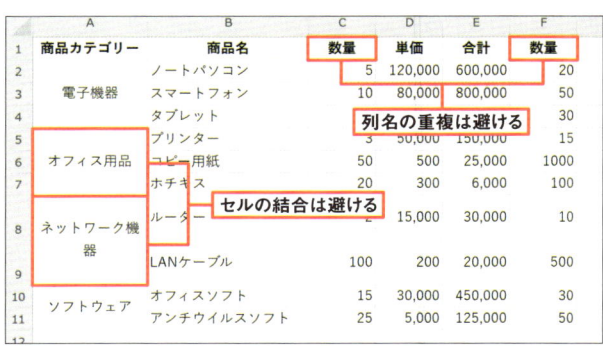

図7 テーブル化に適していないデータの例。テーブルを作成するときは、セルの結合は避けるのが基本。列名には重複がないようにすることが望ましい

ず一意の名前を付ける必要があります。

　これらの注意点は、データの一貫性、可読性、および管理のしやすさを確保するためにたいへん重要です。テーブルに適した形にデータを整理することで、多くの問題を事前に回避できます。ただし、既存のデータ構造の制約などにより、必ずしも理想的な形式を取れないケースもあるでしょう。そのような場合は、注意点を十分に理解したうえで、デメリットを最小限に抑える工夫が必要です。

　例えば、セル結合を避けて個別のセルにデータを入力したり、列名に意味のある接頭辞や番号を付けて重複を避けたりするのは効果的です。また、テーブル名には常に一意の識別子を使用するよう心がけましょう。これらの点に注意を払うことで、テーブル機能の利点を最大限に活用できます。

　また、Copilotの力を最大限に生かすには、次の点も考慮するとよいでしょう。

4. 明確なテーブル名と列名を使用する

　テーブル名は「テーブル1」といった既定の名前より、「2023年度四半期売上テーブル」のような具体的な名前を使用します。列名も「金額」といった曖昧な言葉より、「売上金額」など内容を反映した具体的な名前にします。

5. データの一貫性を保つ

　日付のフォーマットを統一します。例えば、すべての日付を「YYYY/MM/DD」形式にすることで、Copilotが日付データを正確に認識し、日付に基づく分析や計算を効率的に行えるようになります。

　また、数値データの単位も揃えます。例えば、金額データはすべて「円」単位で統一し、「千円」や「百万円」といった異なる単位を混在させないようにします。すると、Copilotが数値の大小関係や計算を正確に処理できるようになります。

　こうした工夫により、Copilotの分析能力や提案の質が大幅に向上します。実際にデータをどのように整理すればよいのかや、既存のデータを適切なものに整形する方法などについては、本書巻末の付録を参照してください。

外部のCSVファイルなどから
テーブルを作成する

外部のCSVファイルなどをExcelにインポートして、テーブルを作成する方法もあります。ここでは、Excelが備える「Power Query」という機能を使って、CSVファイルをExcelに取り込む手順を紹介します。この機能を使うことで、外部データを簡単にExcelに取り込み、分析や加工を行うことができます。

第2章
Excel専用Copilot
を活用する前に

「Power Query」で外部ファイルをインポートする

Power Queryを利用するには、まず「データ」タブにある「データの取得と変換」グループを使って、対象となるデータを読み込みます。ここではCSVファイルを使うので、「テキストまたはCSVから」を選択します（**図1**）。ファイルを選択するダイアログが開いたら、利用したいCSVファイルを選んで「インポート」をクリックしてください。

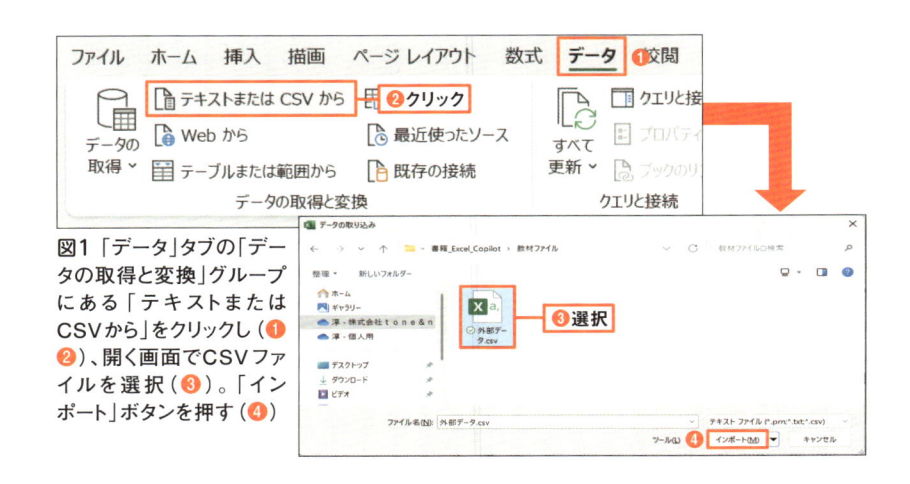

図1「データ」タブの「データの取得と変換」グループにある「テキストまたはCSVから」をクリックし（❶❷）、開く画面でCSVファイルを選択（❸）。「インポート」ボタンを押す（❹）

すると、CSVファイルの内容が解析され、プレビュー画面が開きます（**図2**）。プレビューを確認し、問題がなければ「読み込み」ボタンをクリックします。これで、新しいシートに「テーブル」の形式でデータが追加されます。シート名はインポートしたファイル名が自動的に付けられます。

　こうしてインポートしたデータは、元のCSVファイルとリンクされた状態になって

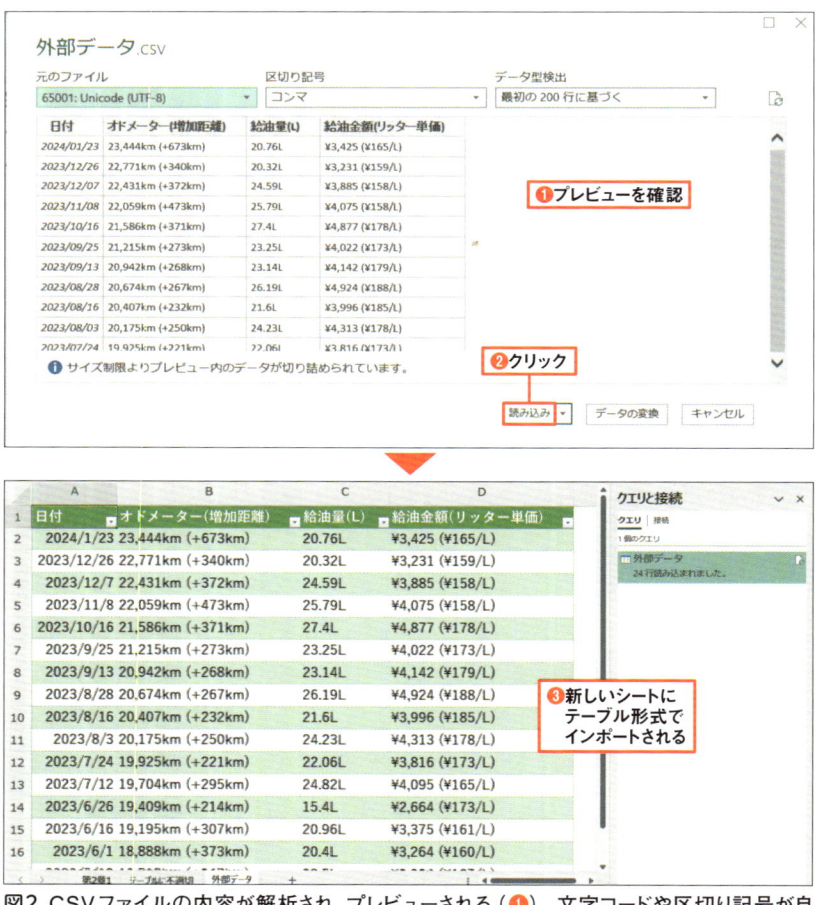

図2 CSVファイルの内容が解析され、プレビューされる（❶）。文字コードや区切り記号が自動設定されているので、問題なければ「読み込み」ボタンを押す（❷）。すると、CSVファイルと同じ名前のシートが挿入され、そこにテーブル形式でデータが読み込まれる（❸）

い"す。元のファイルが更新された場合、Excelの「クエリ」タブにある「更新」ボタンをクリックすることで、最新のデータを読み込んで、テーブルを更新することができます（**図3**）。

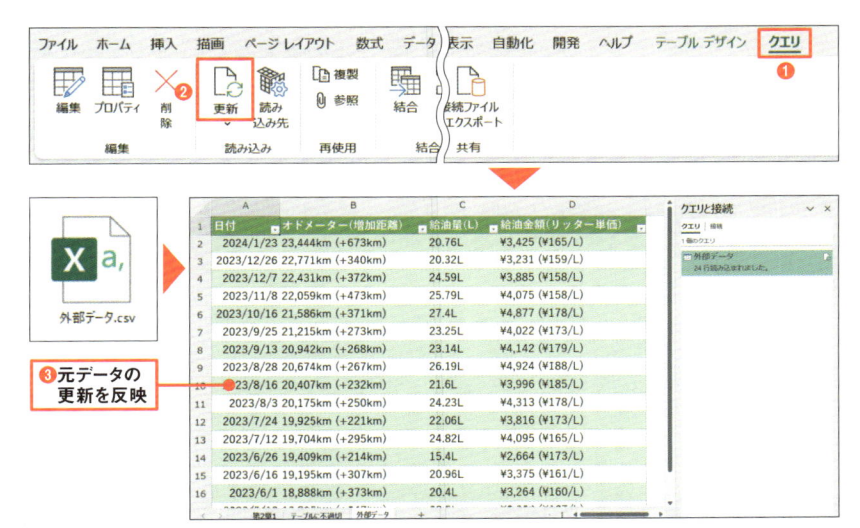

図3「データの取得と変換」からインポートしたテーブルは、元のファイルとリンクしているので、「クエリ」タブにある「更新」ボタンを押すことで（**❶❷**）、最新のデータを読み込める（**❸**）

✏️ **memo**

　図3上の「クエリ」タブで「編集」ボタンを押すと、「Power Queryエディター」のウインドウが開きます。そこでは、テーブル内にある列の分割や結合をはじめ、文字列・数値・日付といったデータ形式（型）の変換、VLOOKUP関数で行うような突合処理、複数テーブルの連結など、データの読み取り、整形・加工に関わる高度な編集機能を利用できます。

第3章

Copilotに
数式の提案をさせる

この章で学ぶこと

- 複雑な数式をCopilotで効率良く作成する方法
- ビジネスで使う指標の計算をCopilotで自動化する方法

佐藤君

Excelの数式って、いつも苦手意識があるんだよね。間違えるとエラーになっちゃうし、何が原因かわからなくて困っちゃうんだ。

コパイロ君

大丈夫だよ！ Copilotに質問して、必要な数式を教えてもらえばいい。「売上の合計を計算して」とか、「利益率を求めて」とか、日常的に使うビジネス用語で相談するだけで、適切な数式を提案してくれるよ。

え、それって本当？ じゃあ、数式エラーが出ても、Copilotに聞けば原因がわかったりするのかな？

もちろん！ 数式エラーが出たときも、Copilotに質問すれば、エラーの原因と解決策を教えてくれるよ。それに、提案された数式を、新しい列に自動的に挿入することもできるんだ。

それなら、僕にも数式が使いこなせるようになりそう！ ぜひ、Copilotの数式提案機能を試してみたいな。

そうだね！ この章では、いろいろな場面でCopilotに数式を提案してもらおう。シンプルな計算から、少し複雑な数式まで、Copilotの提案機能を使いこなせば、きっと数式が得意になるよ。一緒に勉強していこう！

利益率の計算を依頼する

Excelの数式が苦手で悩んでいる方や、数式がエラーになると手が止まってしまう方は多いのではないでしょうか。Copilotには、やりたいことをチャットで質問するだけで、それを実現する数式を提案してくれる機能があります。「利益率を計算して」などとビジネス用語で依頼しても、Copilotが適切な数式を提案してくれます。また、数式にエラーが出てしまった際も、Copilotに質問すれば、エラーの原因と解決策を提示してくれます。本章では、こうしたCopilotの数式提案機能を活用する方法を解説します。

Copilotは「数式の提案」ができる

Copilotの数式提案機能は、ユーザーが「○○を計算して」や「○○の計算のための数式を教えて」などと質問をすると、適切な数式を提案してくれるというものです。以下に、この機能の主な特徴をまとめます。

1. ビジネス用語での質問に対応

「利益率を計算して」などとビジネス用語で質問するだけで、必要な数式を提案してくれます。

2. 列の自動挿入

提案された数式を使って新しい列を追加する「列の挿入」機能があります。

3. 複雑な計算式の提案

文字列操作なども含め、複雑な計算の提案も可能です。「ROIを計算して」と

いった依頼にも対応してくれます。

4.数式エラーの解決

　数式にエラーが発生したときは、Copilotに相談することでエラーの原因と改善策を提示してくれます。

　まずは、シンプルな計算をする数式をCopilotに提案してもらう方法を紹介します。「○○を計算して」といった依頼文をCopilotに与えることで、目的の計算式を提案してもらいます。

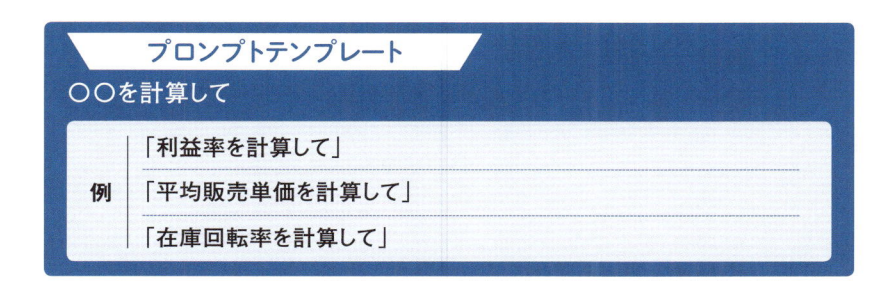

> **プロンプトテンプレート**
>
> ○○を計算して
>
> 例
> 「利益率を計算して」
> 「平均販売単価を計算して」
> 「在庫回転率を計算して」

　ここでは、**図1**の売上データを例に、「利益率を計算する」という具体的な事例を取り上げます。

	A	B	C	D	E	F	G
1	開始日	終了日	商品ID	クリック数	商品購入数	広告費	売上金額
2	2024/3/31	2024/4/5	JEANS001	1,000	50	120,000	500,000
3	2024/3/31	2024/4/14	TSHIRT01	1,500	75	90,000	375,000
4	2024/4/7	2024/4/18	DRESS001	2,000	60	150,000	600,000
5	2024/4/7	2024/4/21	TSHIRT02	800	30	60,000	180,000
6	2024/4/14	2024/4/23	JEANS002	1,200	70	140,000	700,000
7	2024/4/14	2024/4/22	BLOUS001	900	45	72,000	270,000
8	2024/4/21	2024/5/3	SKIRT001	1,800	80	160,000	800,000
9	2024/4/21	2024/4/29	HIJAB001	600	20	40,000	100,000
10	2024/4/28	2024/5/11	JEANS003	1,100	65	130,000	650,000
11	2024/4/28	2024/5/9	TSHIRT03	1,300	60	78,000	300,000
12	2024/5/5	2024/5/15	DRESS002	1,900	90	180,000	900,000
13	2024/5/5	2024/5/16	BLOUS002	950	40	76,000	240,000
14	2024/5/12	2024/5/22	JEANS004	1,400	85	170,000	850,000

図1 売上データの例。案件ごとに「広告費」や「売上金額」が入力されたテーブルになっている

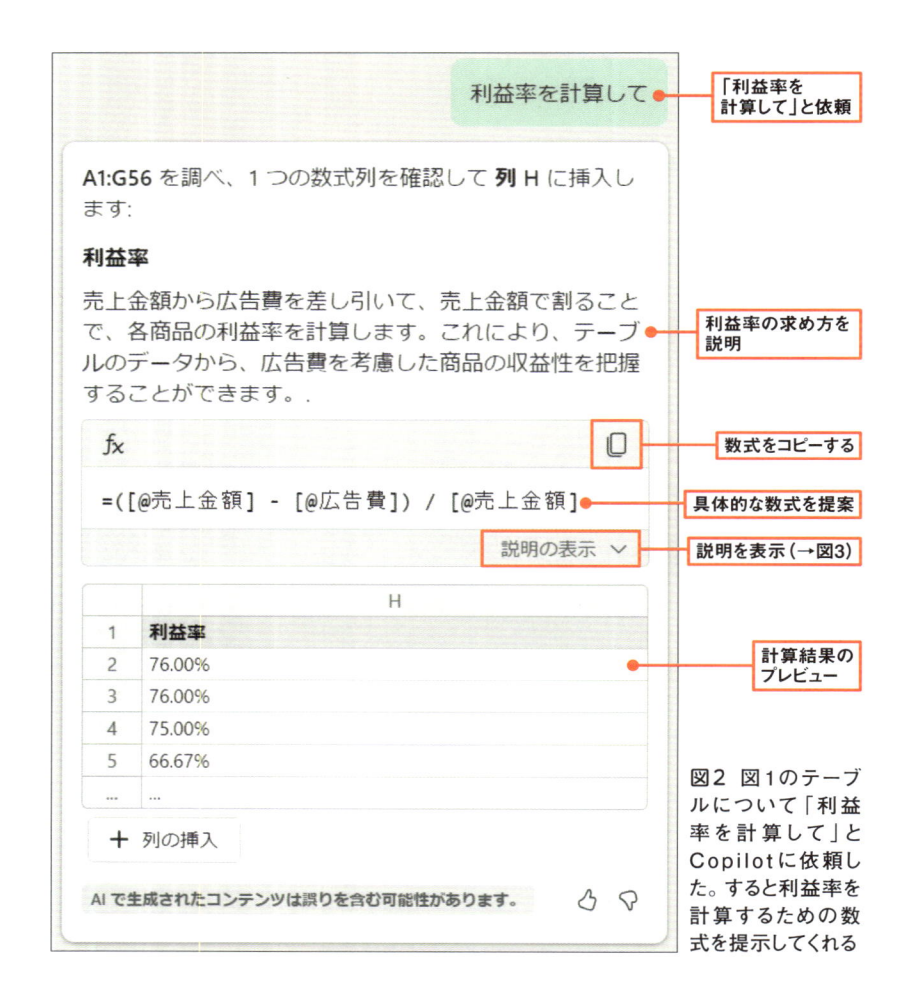

利益率を計算して

「利益率を
計算して」と依頼

A1:G56 を調べ、1 つの数式列を確認して **列 H** に挿入します:

利益率

売上金額から広告費を差し引いて、売上金額で割ることで、各商品の利益率を計算します。これにより、テーブルのデータから、広告費を考慮した商品の収益性を把握することができます。.

利益率の求め方を
説明

fx

数式をコピーする

=([@売上金額] - [@広告費]) / [@売上金額]

具体的な数式を提案

説明の表示 ∨

説明を表示（→図3）

	H
1	利益率
2	76.00%
3	76.00%
4	75.00%
5	66.67%
...	...

計算結果の
プレビュー

＋ 列の挿入

AI で生成されたコンテンツは誤りを含む可能性があります。　👍 👎

図2　図1のテーブルについて「利益率を計算して」とCopilotに依頼した。すると利益率を計算するための数式を提示してくれる

　図1のテーブル内のセルを選択した状態で「ホーム」タブにある「Copilot」ボタンをクリックすると、右側にCopilotのウインドウが開きます。メッセージの入力欄に「利益率を計算して」というシンプルな依頼文を入力して送信するだけでも、利益率を算出するための数式が提案されます。提案された式は、売上金額から広告費を引き、その結果を売上金額で割るというものです（**図2**）。さらに、数式の下には計算結果がプレビューされます。

「説明の表示」で詳細な説明を見る

Copilotの提案した数式の右下にある「説明の表示」をクリックすると、提案された数式について、さらに詳しい説明を見ることができます（**図3**）。

確認し終わったら、「説明を非表示にする」をクリックすることで再び非表示にできます。

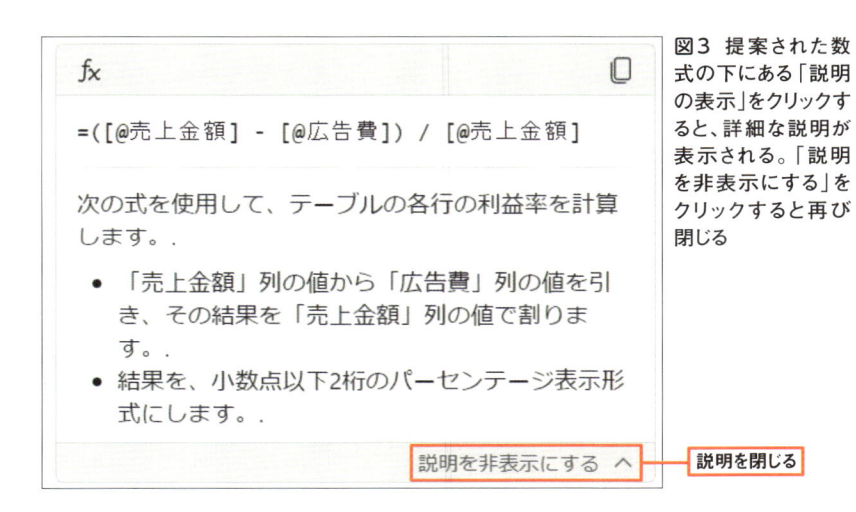

図3 提案された数式の下にある「説明の表示」をクリックすると、詳細な説明が表示される。「説明を非表示にする」をクリックすると再び閉じる

「列の挿入」ボタンで数式をシートに挿入する

提案された数式は、右上にあるボタンをクリックすることでそっくり「コピー」できます。それをシートに「貼り付け」して手動で数式を入力してもかまいませんが、プレビューの下にある「列の挿入」ボタンを使うと、自動でテーブルに反映させることができます。

「列の挿入」ボタンにマウスポインターを合わせると、提案された数式を新しい列に追加した様子をプレビューできます。そのままボタンをクリックすると、実際にシートに挿入されます（次ページ**図4**）。

列を挿入して提案された数式を確認してみると、利益率が適切にパーセント表示になっていることがわかります。通常は数式を入力した後でパーセント表示の設定を行う必要がありますが、Copilotはそこまで自動で行ってくれる点が優れています。

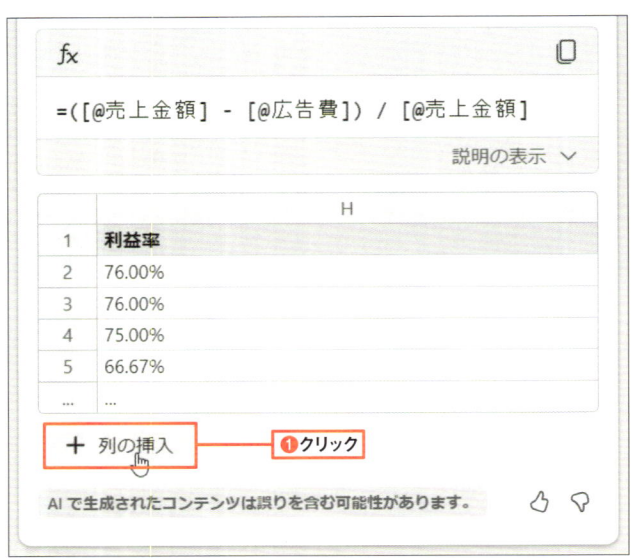

図4 プレビューの下にある「列の挿入」ボタンをクリックすると（❶）、「利益率」の列が追加され、提案された数式が自動入力される（❷）。数式を自分で入力しなくても、各行の利益率を求めることができた

Section 02 データの構成比を求める数式を聞く

続いて、データの構成比を求めるための数式をCopilotに提案してもらう事例を紹介します。「○○ごとに△△の構成比を計算して」といったプロンプトをCopilotに与えることで、目的の数式を提案してもらいます。

プロンプトテンプレート
○○ごとに△△の構成比を計算して

例	「取引先ごとに売上の構成比を計算して」
	「商品カテゴリごとに販売数の構成比を計算して」
	「地域ごとに人口の構成比を計算して」

具体的に見ていきましょう。ここでは、**図1**のようなブランドごとの売上金額をまとめた表を例に取り上げます。

例えば、Copilotに「ブランドごとに売上の構成比を計算して」とお願いすると、各ブランドの売上構成比を算出するための数式が提案されます。提案された数

	A	B	C
1	ブランド	売上金額	広告費
2	エレガントモード	2,310,000	628,000
3	カジュアルスタイル	6,135,000	1,636,000
4	デニムワークス	17,700,000	3,560,000
5	フェミニンシック	17,800,000	3,590,000
6	モダンムスリム	1,450,000	440,000
7			

図1 売上データの例。ブランドごとに売上金額が入力されたテーブルになっている

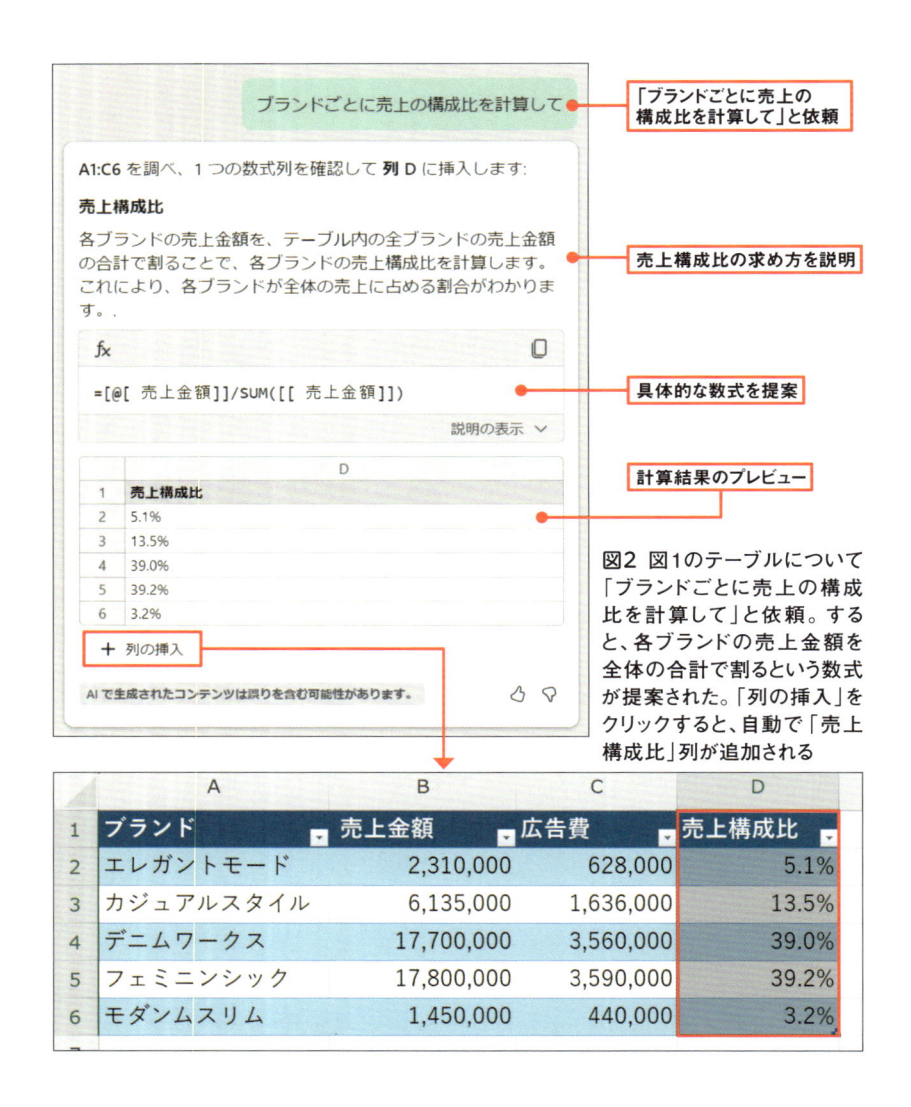

ブランドごとに売上の構成比を計算して ← 「ブランドごとに売上の構成比を計算して」と依頼

A1:C6 を調べ、1 つの数式列を確認して **列 D** に挿入します:

売上構成比

各ブランドの売上金額を、テーブル内の全ブランドの売上金額の合計で割ることで、各ブランドの売上構成比を計算します。これにより、各ブランドが全体の売上に占める割合がわかります。 ← 売上構成比の求め方を説明

fx ⧠

=[@[売上金額]]/SUM([[売上金額]]) ← 具体的な数式を提案

説明の表示 ∨

	D
1	**売上構成比**
2	5.1%
3	13.5%
4	39.0%
5	39.2%
6	3.2%

← 計算結果のプレビュー

➕ 列の挿入

AI で生成されたコンテンツは誤りを含む可能性があります。 🖒 🖓

図2 図1のテーブルについて「ブランドごとに売上の構成比を計算して」と依頼。すると、各ブランドの売上金額を全体の合計で割るという数式が提案された。「列の挿入」をクリックすると、自動で「売上構成比」列が追加される

	A	B	C	D
1	ブランド	売上金額	広告費	売上構成比
2	エレガントモード	2,310,000	628,000	5.1%
3	カジュアルスタイル	6,135,000	1,636,000	13.5%
4	デニムワークス	17,700,000	3,560,000	39.0%
5	フェミニンシック	17,800,000	3,590,000	39.2%
6	モダンムスリム	1,450,000	440,000	3.2%

式は、各ブランドの売上金額を、すべてのブランドの売上金額の合計で割るというものです。「列の挿入」ボタンをクリックすると、提案された数式の列が挿入されます（**図2**）。

　挿入された列を確認してみると、提案された数式がすべての行に自動入力さ

れ、計算結果が表示されています。その結果にはパーセントスタイルが設定されていて、ブランド別の売上構成比が一目瞭然です。Copilotは、数式を入力した後の書式設定まで自動で行ってくれる点が便利なところです。

ほかの数式を提案してもらう

なお、Copilotから提案された数式が適切かどうかは、ユーザー自身が確認する必要があります。Copilotが必ずしも正しい数式を提案するとは限らないため、うのみにせずにしっかりと吟味しましょう。

Copilotの回答に疑問があれば、別の数式を提案してもらうのも1つの方法です。Copilotによる数式の提案の下には、「数式列の候補を提案する」という追加依頼のボタンが表示されることがあります（**図3**）。そのボタンをクリックすれば、同じ目的に対して違うアプローチの数式を提案させることができます。

例えば次ページ**図4**は、先ほどの「ブランドごとに売上の構成比を計算して」という依頼に対する回答について、「数式列の候補を表示する」を選択した例です。するとCopilotは、「広告費の売上金額に対する割合を計算する」という数式を新たに提案してきました。

ただしこれは、依頼した内容とは異なるもので、目的にかないません。このように、Copilotは必ずしもユーザーの希望に的確に応えられるわけではないので注意が必要です。

とはいえ、見方を変えれば、「数式列の候補を表示する」を選ぶことによって、

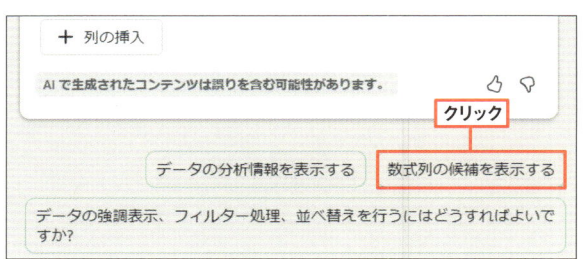

図3 数式を提案する回答の下に、「数式列の候補を表示する」というボタンが表示されることがある

ユーザーが考えてもみなかった新しい視点が提案されることもあるわけです。図3の例では、「広告費の売上金額に対する割合を計算する」という新たな分析の方法に気付くことができます。売上構成比だけでなく、広告費の割合の大小を見ることは、経営戦略上、必要な視点の1つでしょう。そのような発見が生まれることも、Copilotを活用する利点といえます。

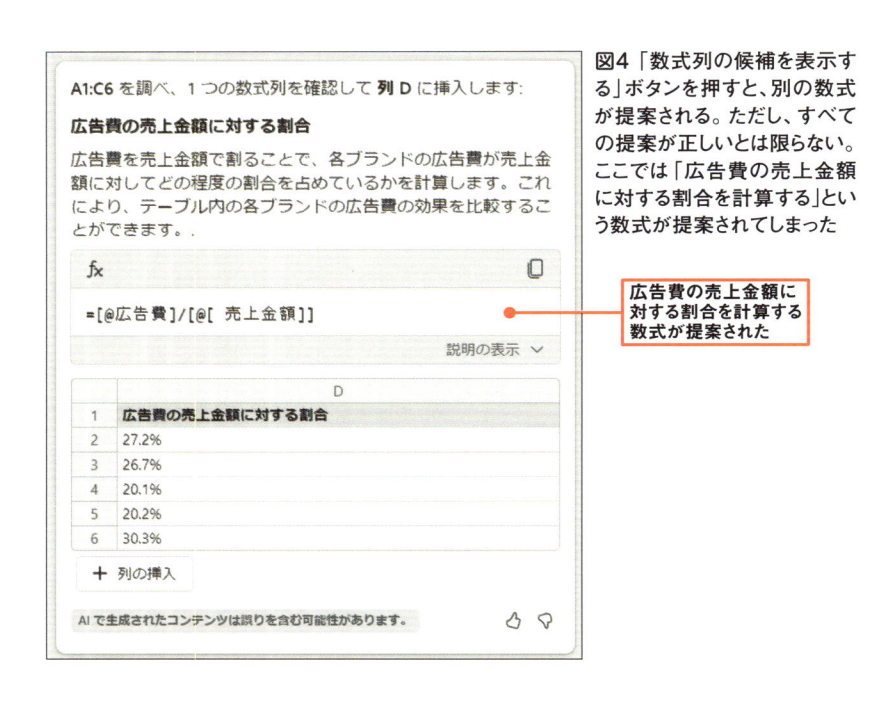

図4「数式列の候補を表示する」ボタンを押すと、別の数式が提案される。ただし、すべての提案が正しいとは限らない。ここでは「広告費の売上金額に対する割合を計算する」という数式が提案されてしまった

広告費の売上金額に対する割合を計算する数式が提案された

数値の大小や文字列の有無を条件に判定を行う

　次は、Copilotを活用して、何らかの判定をするための数式を作成してみましょう。例えば、利益率が50％以上だった場合に「高利益率」と表示させたり、商品名に「Ｔシャツ」という言葉が含まれるなら「トップス」というカテゴリーに分類したりする数式です。

　Excelの関数に詳しい方なら、IF関数を使って条件分岐の数式を立てればよいとわかるかもしれません。そのような条件分岐を含む数式も、Copilotは提案することができます。それには「○○なら□□と出力する」といった形のプロンプトをCopilotに与えます。

プロンプトテンプレート

○○なら□□と出力する

例	「利益率が50％以上なら高利益率と出力する」
	「商品名にＴシャツが含まれるなら、カテゴリー列にトップスと出力する」

数値の大小を判定する

　具体的な例を見ていきましょう。ここでは次ページ**図1**の販売データを対象にして、Copilotにデータ分析を手伝ってもらいます。

　まずは各商品について、利益率が50％以上なら「高利益率」と判定する作業をしてみます。Copilotに「利益率が50％以上なら高利益率と出力する」というプロンプトを与えてみましょう。すると、IF関数を使った条件分岐の数式が提案され

図1 ここで使用する販売データの例。商品名、仕入原価、販売価格などの情報が含まれている

	A	B	C	D
1	商品ID	商品名	仕入原価	販売価格
2	JEANS001	スリムフィットデニム	4,000	7,000
3	TSHIRT01	半袖プリントTシャツ	1,500	3,500
4	DRESS001	フローラルワンピース	6,000	10,500
5	TSHIRT02	無地ベーシックTシャツ	1,200	2,800
6	JEANS002	ワイドレッグデニム	4,500	8,400
7	BLOUS001	シフォンブラウス	2,500	5,600
8	SKIRT001	プリーツミディスカート	3,000	6,300
9	HIJAB001	プレーンヒジャブ	1,000	2,100
10	JEANS003	ハイウエストデニム	4,200	7,700
11	TSHIRT03	ストライプTシャツ	1,800	4,200
12	DRESS002	レーススリーブワンピース	6,500	11,200
13	BLOUS002	ボウタイブラウス	2,800	6,300

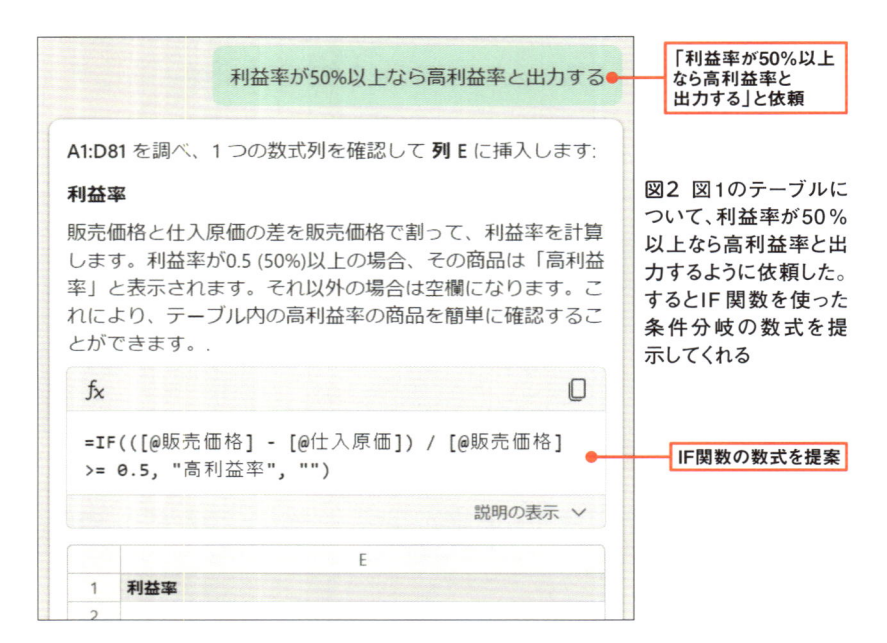

図2 図1のテーブルについて、利益率が50％以上なら高利益率と出力するように依頼した。するとIF関数を使った条件分岐の数式を提示してくれる

ます（**図2**）。提案された数式は次の通りです。

```
=IF(([@販売価格]−[@仕入原価])/[@販売価格]>=0.5, "高利益率", "")
```

この数式ではまず、「（販売価格−仕入原価）／販売価格」という計算で利益率を求めています。そして、その結果が「0.5以上」の場合は「高利益率」と表示し、それ以外の場合は空欄にする、という条件分岐を行っています。

「列の挿入」ボタンをクリックすると、提案された数式の列が新しく挿入され、条件に合う商品には「高利益率」と表示されます（**図3**）。

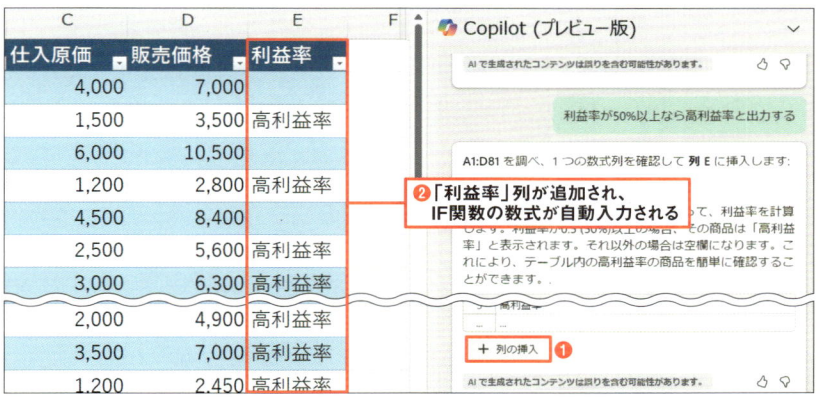

図3 「列の挿入」ボタンをクリックすると（❶）、テーブルの右（ここではE列）に「利益率」列が新たに追加され、IF関数の数式が自動入力される（❷）。利益率が50％以上という条件を満たす行に「高利益率」と表示される

文字列の有無を判定する

続いての事例は、文字列の有無を判定する作業です。先ほどと同じ販売データを対象に、商品名に「Tシャツ」という文字列が含まれていたら、「トップス」というカテゴリーに分類することにします。

ここでは、Copilotに「商品名にTシャツが含まれるなら、カテゴリーという列に"トップス"と出力する」というプロンプトを与えました。すると、次のようなIF関数の数式が提案されました。

```
=IF(ISNUMBER(FIND("Tシャツ", [@商品名])), "トップス", "")
```

この数式では、FIND関数とISNUMBER関数の組み合わせで「『Tシャツ』という文字列が含まれている」という判定を行っています。FIND関数は、1つめの引数に指定した文字列が、2つめの引数に指定した文字列の中の何文字目から始まるかを数える関数です。例えば「Tシャツ」という文字列を「プリントTシャツ」という文字列の中で探すと5文字目以降にあるので、FIND関数は「5」を返します。そして文字列が見つからないときはエラーを返します。一方、ISNUMBER関数は、引数に指定したデータが数値なら「真（TRUE）」、それ以外なら「偽（FALSE）」を返します。そのため、商品名に「Tシャツ」という文字列が含まれ、FIND関数が数値を返したときにだけ、ISNUMBER関数はTRUEを返します。この場合はIF関数の条件が満たされることになり、「トップス」と表示されます。そうでない場合は空白を返します。やや複雑な数式ですが、「説明の表示」をクリックすると、詳しい説明を確認できます。

　「列の挿入」をクリックして実際にシートに数式を挿入すると、「Tシャツ」という文字列を含む商品名の行では、「カテゴリー」列に「トップス」と表示されることを確認できます（**図4**）。

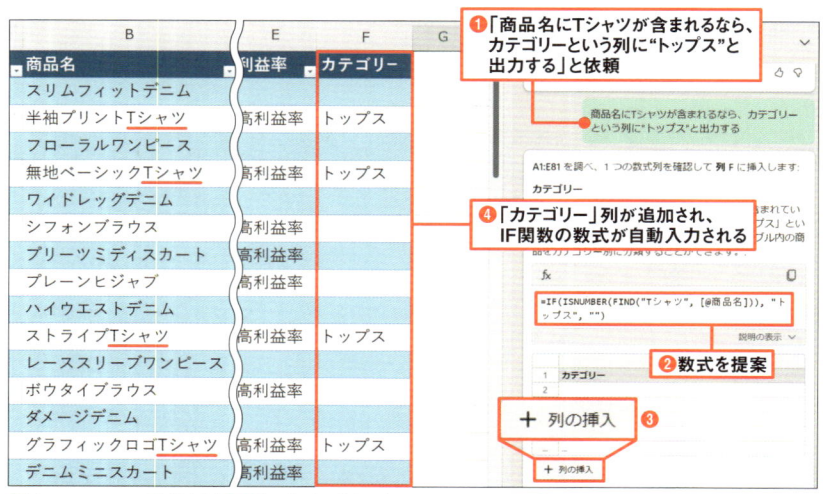

図4 Copilotの回答例（❶❷）。「列の挿入」ボタンを押すと（❸）、「カテゴリー」列が追加され、数式が自動入力される（❹）。商品名が「Tシャツ」を含む行に「トップス」と表示される

文字列の置換や付加、結合や分割を一括処理

Copilotは、文字列を操作する数式も提案できます。Copilotが支援してくれる文字列操作は、以下の4つに分類できます。

1. 置換：文字列の一部を別の文字列に変換する
2. 付加：文字列の前後に別の文字列を追加する
3. 結合：複数の文字列を連結して1つの文字列にする
4. 分割：文字列を特定の区切り文字で分割する

これらの操作を、Copilotに自然な言葉で指示するだけで実現できます。例えば、「商品名に含まれる○○を××に一括変換したい」というような要望にも、Copilotなら簡単に応えられます。大量のデータを1つずつ手作業で修正していくような面倒から解放され、人はより創造的な業務に取り組むことができるでしょう。

1. 文字列の置換

文字列の置換操作から見ていきましょう。ここでは、**図1**のような商品データを例に取り、「商品名」列の文字列を操作する方法を紹介します。具体的には、商

	A	B	C	D
1	商品ID	商品名	カテゴリ	ブランド
2	JEANS001	スリムフィットデニム	ボトムス	デニムワークス
3	TSHIRT01	半袖プリントTシャツ	トップス	カジュアルスタイル
4	DRESS001	フローラルワンピース	ワンピース	フェミニンシック
5	TSHIRT02	無地ベーシックTシャツ	トップス	カジュアルスタイル
6	JEANS002	ワイドレッグデニム	ボトムス	デニムワークス
7	BLOUS001	シフォンブラウス	トップス	エレガントモード
8	SKIRT001	プリーツミディスカート	ボトムス	フェミニンシック

図1 ここで使用する商品データの例。B列の「商品名」を操作したい

品名に含まれる「デニム」という文字列を「ジーンズ」に置換します。

　今回は、このような置換を数式を通じて行います。数式を提案してもらう目的で Copilot に依頼するときは、プロンプトの冒頭で「数式を提案」と明示すると確実です。というのも、Excel には「置換」という専用の機能があり、Copilot はこの置換機能も使うことができます。そのため、「数式を提案」というフレーズを付けずに「商品名のデニムをジーンズに置換してください」と依頼すると、Copilot は置換機能を使って文字列を置き換えてしまう恐れがあります。数式ではなく置換機能で処理が行われると、置換前のデータが残らないので、何かトラブルが起きたときに、元の状態に戻すのが難しくなってしまいます。

　そこで、「数式を提案」と冒頭で宣言することで、「数式を使って文字列を操作すること」をCopilot に強く意識させるのです。このようにプロンプトを工夫することで、Copilot を適切に導き、意図した結果を得やすくなります。

> **プロンプトテンプレート**
>
> 数式を提案。（列名）の（置換対象）を（置換後の文字列）に置換する数式を提案してください
>
> | 例 | 「数式を提案。商品名のデニムをジーンズに置換する数式を提案してください」 |
> | | 「数式を提案。ブランドのホムスをホームズに置換する数式を提案してください」 |
> | | 「数式を提案。商品コードのSをSHIRTSに置換する数式を提案してください」 |

　今回はCopilot に「数式を提案。商品名のデニムをジーンズに置換する数式を提案してください」というプロンプトを与えました。すると、次のような SUBSTITUTE関数を用いた数式が提案されました。

```
=SUBSTITUTE([@商品名], "デニム", "ジーンズ")
```

この関数は、1つめの引数に指定した文字列の中で2つめの引数の文字列を探し、3つめの引数の文字列に置き換える働きをします。提案された数式を見ると、商品名列のセルを参照し、そのセル内の「デニム」を「ジーンズ」に置換するよう指定されていることがわかります（**図2**）。

「列の挿入」ボタンをクリックすると、実際に数式が挿入され、「デニム」が「ジーンズ」に置換されていることが確認できます。

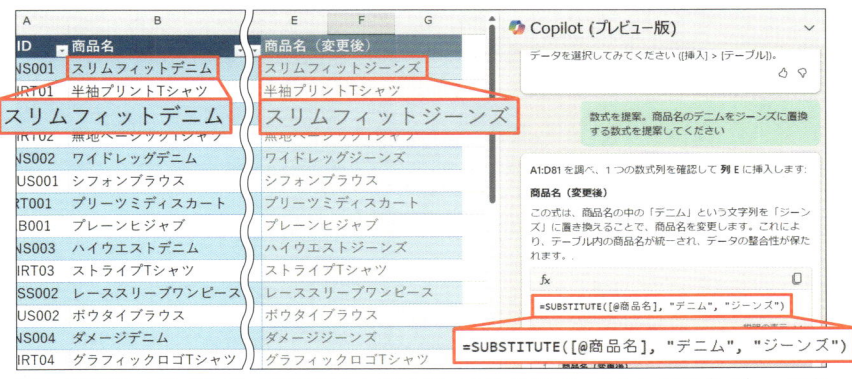

図2 提案された数式の例。「列の挿入」ボタンにマウスポインターを合わせてプレビューを表示させると、目的の通りに文字列が置き換わることがわかる。クリックして確定しよう

📝 memo

　Copilotの回答は常に一定ではありません。依頼に対して的確な数式を提案してくれることもあれば、まったく異なる結果が返ってくることもあります。Copilotの回答が期待通りでない場合は、プロンプトの表現を変えてみることが大切です。最初の文章で望む結果が得られなくても、粘り強く表現を調整していくことで、徐々に要望に近づけていくことができます。例えば、「デニムという文字列をジーンズに変換する数式が知りたいです」のように、より具体的で丁寧な表現を心がけるのも一案でしょう。

　Copilotを使いこなすには、プロンプトの設計とブラッシュアップが欠かせません。初回の提案結果に満足せず、言葉を変えながらCopilotとコミュニケーションを重ねていく。そのような探究心と粘り強さが、AIと共同作業をするための重要なスキルといえるでしょう。

2. 文字列の付加

　続いては、文字列を追加するための数式をCopilotに提案してもらいましょう。列名とともに、その列の値の前後に付加したい文字列を指定することで、文字列を結合するための数式を提案してもらうことができます。

プロンプトテンプレート

○○の前に「△△」を付加する数式
○○の後ろに「△△」を付加する数式

例
「商品IDの前に『ID-』を付加する数式」

「商品名の後ろに『_商品』を付加する数式」

　例えば、プロンプトに「商品IDの前に『ID-』を付加する数式」と入力して送信すると、Copilotは商品IDの前に「ID-」という文字列を結合するための数式を提案してくれます（**図3**）。提案された数式は、「ID-」という文字列と、元の商品IDを「&」記号で結合するというシンプルなものです。

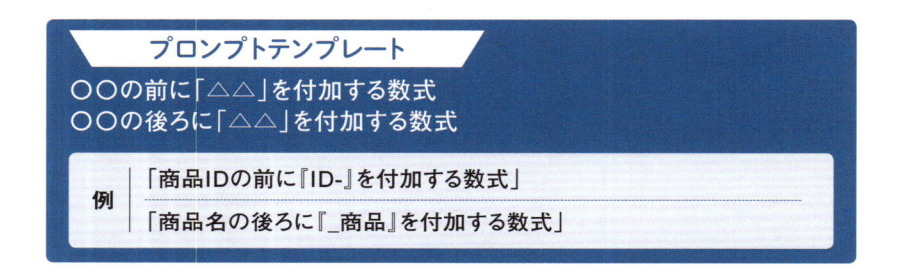

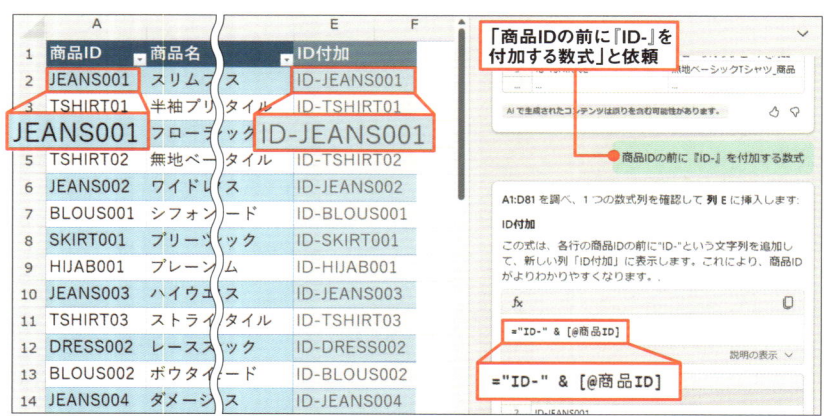

図3 Copilotの回答例。「列の挿入」ボタンにマウスポインターを合わせてプレビューを表示させると（❶）、商品IDの前に「ID-」が結合されることがわかる（❷）。クリックして確定しよう

```
="ID-" & [@商品ID]
```

　「&」記号は文字列を結合する演算子です。「&」の左右に置かれた文字列を連結して、1つの文字列にまとめる働きがあります。

　「列の挿入」ボタンをクリックすると、提案された数式の列がシートに挿入されます。提案された数式の結果を確認すると、すべての商品IDの先頭に「ID-」が付加されていることがわかります。このように、Copilotを使えば目的の文字列を既存の列の文字列と組み合わせるための数式を簡単に作成できます。文字列を後ろに付加したい場合も、プロンプトを工夫することで同様に数式を提案してもらえるでしょう。

3. 文字列の結合

　異なる列に入力されている文字列を結合して1つにするのための数式を提案してもらうことも可能です。「○○と○○を結合する数式」というプロンプトをCopilotに与えることで、目的の数式を提案してもらいましょう。

プロンプトテンプレート

○○と○○を結合する数式

例	「分類IDと個別IDを結合する数式」
	「分類IDと区切り文字の"-"と個別IDを結合する数式」

　具体例を見ていきましょう。例えば、「JEANS」という分類IDと「001」という個別IDを持つ商品データを基に、両者を結合した「JEANS001」というIDを新たに作成したいときは、Copilotに「分類IDと個別IDを結合する数式」というプロンプトを与えます。

　すると、分類IDと個別IDを結合するための数式が提案されます。「&」記号を使って、「分類ID」列と「個別ID」列をつなげる式です。「列の挿入」ボタンをクリッ

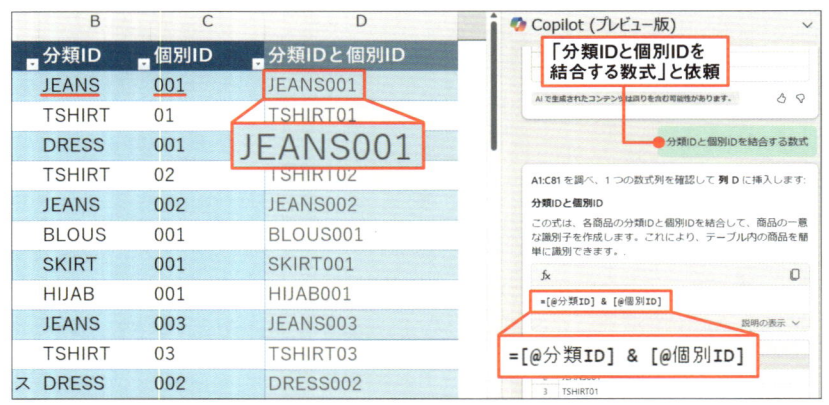

図4「分類IDと個別IDを結合する数式」と依頼すると、「&」記号を使って「分類ID」列と「個別ID」列を結合する数式を提案してくれた。「列の挿入」ボタンにマウスポインターを合わせるとプレビュー表示されるので、意図した通りならクリックして確定しよう

図5 さらに、区切り文字として「-」(半角ハイフン)を入れて結合するように依頼すると、「&」記号を使って「分類ID」列と「-」と「個別ID」列を結合する数式を提案してくれた

クすると、提案された数式の列がシートに挿入されます(**図4**)。

さらに、分類IDと個別IDの間に区切り文字の「-」(半角ハイフン)を入れて結合することもできます。「分類IDと区切り文字の"-"と個別IDを結合する数式」というようなプロンプトをCopilotに与えれば、「-」を間に入れて結合する数式が提

案されます（**図5**）。数式は次のようなものです。

```
=[@分類ID]&"-"&[@個別ID]
```

このように、Copilotに適切なプロンプトを与えることで、文字列を結合する数式を簡単に生成できます。IDの結合以外にも、名前の「姓」と「名」をつなげたり、住所の「都道府県」と「市区町村以下」をつなげたりと、さまざまな場面で活用できるでしょう。

4. 文字列の分割

文字列操作の最後に、Copilotを活用して文字列を分割するための数式を提案してもらう方法を紹介します。対象の文字列を指定の区切り文字で分割し、分割後の文字列をそれぞれ別の列に出力するための数式を提案してもらうというものです。

例えば、「JEANS-001」のような商品IDが並んでいる商品データを対象に、それを「JEANS」と「001」の2つに分割するようなケースです。この場合は「-」（半角ハイフン）を区切り文字にして、その前と後ろを分割することになります。そこで、Copilotに「商品IDを"-"を区切り文字として分割」という指示を与えます。

> ### プロンプトテンプレート
> ### ○○を△△を区切り文字として分割
>
> **例**　「商品IDを"-"を区切り文字として分割」
> 　　「電話番号を"-"を区切り文字として分割」

具体的に見ていきましょう。次ページ**図6**は、「JEANS-001」のように「-」で区切られた商品IDを、「-」の前と後ろに分割するようにCopilotに依頼した例です。Copilotに「商品IDを"-"を区切り文字として分割。前半を「商品カテゴリ」、後半を

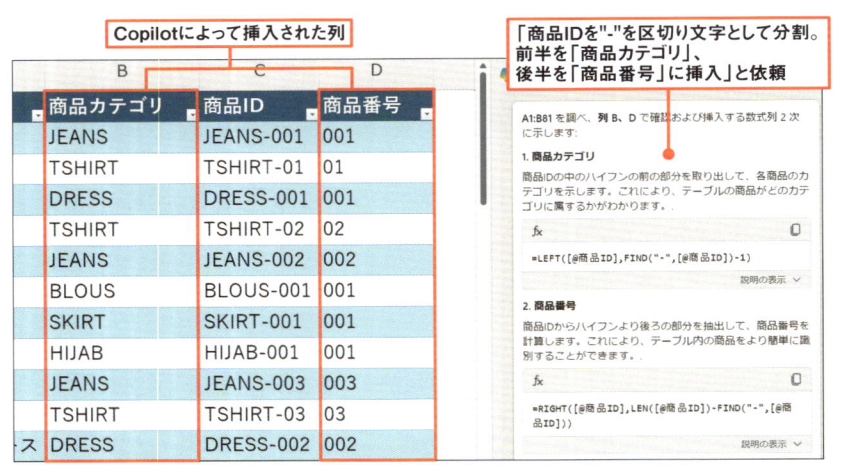

図6 「商品ID」列を「-」(半角ハイフン)の前と後ろで分割し、「商品カテゴリ」と「商品番号」列に挿入するように依頼した例。「-」の前と後ろがそれぞれ新しい列に挿入されている

「商品番号」に挿入」というプロンプトを送信しました。すると商品IDをハイフンで分割し、分割後の文字列を新しい列に出力するための数式が提案されました。

前半の「商品カテゴリ」列に入力された数式は、以下の通りです。

```
=LEFT([@商品ID], FIND("-", [@商品ID])-1)
```

FIND関数を使って「-」が商品IDの何文字目にあるかを調べ、その位置の1文字前までをLEFT関数で切り出します。これにより、商品IDのハイフンより前の部分を切り出して、「商品カテゴリ」列に表示しています。

後半の「商品番号」列に入力された数式は、以下の通りです。

```
=RIGHT([@商品ID], LEN([@商品ID])-FIND("-", [@商品ID]))
```

この数式では、RIGHT関数、FIND関数、LEN関数の3つを駆使して、ハイフンより後ろの部分を取得し、「商品番号」列に出力しています。LEN関数は、指定

した文字列の文字数を調べるものです。ここでは商品IDの文字数をLEN関数で調べて、その文字数からハイフンの位置までの文字数をマイナスすることで、ハイフンより後ろの文字数を計算しています。そして、この後ろの文字数分だけ、RIGHT関数で切り出しているわけです。

このように、Copilotに「○○を△△を区切り文字として分割」と依頼すれば、1回の操作で文字列を指定の区切り文字で分割し、分割後の文字列をそれぞれ別の列に出力するための数式を自動入力できます。

従来は、分割後のデータを入れるための列をそれぞれ挿入した後、実際に分割するための関数式をあれこれ考える必要がありました。上記のように、複数の文字列操作関数を組み合わせて数式を立てることは、関数が苦手な人にはなかなか厄介な課題でしょう。それがCopilotの登場により、「○○を△△を区切り文字として分割」と入力して送信するだけでよくなったのです。Excel初心者だけでなく、ベテランにとっても時短につながる強力な支援機能だといえるでしょう。

 memo

この節で登場した文字列操作関数について、その引数と働きを確認しておきます。

関数名	引数	働き
LEFT	LEFT（文字列, 文字数）	左から○文字を切り出す
RIGHT	RIGHT（文字列, 文字数）	右から○文字を切り出す
LEN	LEN（文字列）	文字数を数える
FIND	FIND（検索文字列, 対象, 開始位置）	何文字目にあるか調べる（引数「開始位置」は省略可）
SUBSTITUTE	SUBSTITUTE（文字列, 検索文字列, 置換文字列, 置換対象）	文字列の一部を置換する（引数「置換対象」は省略可）

数式がエラーに！
原因をCopilotに聞こう

　自分で入力した数式がエラーになってしまったときも、Copilotは頼りになります。エラーが発生した理由をCopilotに尋ねればよいのです。Copilotは原因を推測して、解決策を提示してくれます。

　セル内の数式でエラーが起きた場合は、「セル○○の数式エラーの原因は?」などとCopilotに質問することで、推測される原因を答えてもらえます。

プロンプトテンプレート

セル○○の数式エラーの原因は?

例	「セルD2の数式エラーの原因は?」
	「セルC5のエラーの原因は何ですか?」

　具体的な事例で試してみましょう。**図1**のサンプルデータを見ると、セルD2で「コンバージョン率」の計算にエラーが出ています。そこで、Copilotに「セルD2の数式エラーの原因は?」と質問してみましょう。

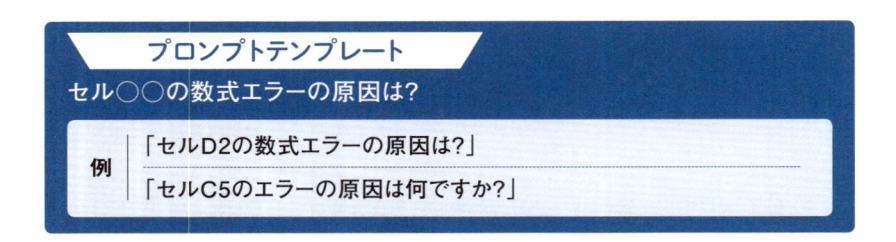

	A	B	C	D
1	商品ID	クリック数	商品購入数	コンバージョン率
2	BLOUS001	900	45個	#VALUE!
3	BLOUS002	950	40	4.2%
4	BLOUS003	1,000	50	5.0%
5	BLOUS004	1,100	55	5.0%
6	BLOUS005	1,200	60	5.0%
7	BLOUS006	1,300	65	5.0%
8	BLOUS007	1,400	70	5.0%

数式エラーが
発生している

図1 エラーが発生しているシートの例。セルD2に「#VALUE!」と表示されている

セルD2の数式エラーの原因は？

セル D2 に表示されている #VALUE! エラーは、通常、数式が互換性のないデータ型を操作しようとしたときに発生します。例えば、数値が必要な場所でテキストが使われている場合などです。テーブル12のコンバージョン率の列には数値とパーセンテージ形式が混在しているため、数式がテキストを数値として扱おうとしてエラーが発生している可能性があります。

セル D2 の正確な数式を確認するためには、そのセルを選択して数式バーを見る必要があります。しかし、私は実際のセルの内容を読むことができませんので、数式を確認していただくか、数式をこちらに提供していただければ、エラーの原因を特定しやすくなります。

AI で生成されたコンテンツは誤りを含む可能性があります。　　　👍 👎

図2 Copilotの回答例。予測を立てているが、詳しい原因を知るには数式の内容を伝える必要があるという回答だった

　すると、Copilotから**図2**のような回答が返ってきました。Copilotによると、一般的には「#VALUE!」と表示されるエラーは、数式が予期しないデータ型（データの種類）の引数を受け取った場合に発生するということでした。しかし、詳しい原因を調べるためには、数式の具体的な内容を知る必要があるということです。

　そこで、さらに詳しい回答を得るため、セルD2に入力されている数式をコピーして追加の質問をしてみます。「セルD2の数式は次の通りです。エラーの原因を教えてください。」と書いた後、「＝[@商品購入数]／[@クリック数]」という具体的な数式を貼り付けて送信しました。

　すると、Copilotから次ページ**図3**のような回答がありました。エラーの原因として、以下のような可能性があるという指摘です。

・「商品購入数」と「クリック数」のいずれか、または両方が数値ではなくテキストとして入力されている。
・「クリック数」はカンマ区切りの書式になっており、カンマが含まれるデータでは数式エラーの原因になる可能性がある。

図3 追加の質問に
対するCopilotの回
答例。さらに詳しい
原因を推測している

セルD2の数式は次の通りです。エラーの原因を教え
てください。 =[@商品購入数]/[@クリック数]

セル D2 の数式 =[@商品購入数]/[@クリック数] で #VALUE! エラ
ーが発生している原因は、"商品購入数" や "クリック数" のいずれ
か、または両方のセルに数値ではないデータが含まれている可能
性があります。例えば、テキスト文字列や空白が含まれている場
合、または数値がテキストとして認識されている場合です。
提供されたデータコンテキストによると、"クリック数" 列の数値
フォーマットは "#,##0" であり、カンマが含まれています。Excel
ではカンマが含まれると数値がテキストとして扱われることがあ
ります。そのため、カンマを含む数値を直接計算に使用するとエ
ラーが発生することがあります。

AI で生成されたコンテンツは誤りを含む可能性があります。

実際にデータを確認すると、「商品購入数」列のセルC2に「45個」と入力され
ていて、「個」という単位が含まれています。そのせいでデータが数値ではなく文
字列（テキスト）になっているため計算ができず、エラーになったようです。

　数式が参照しているいずれかの列に数値以外のデータがあると、割り算の計
算ができなくなり、「＃VALUE!」エラーが表示されます。エラーを解消するには、
該当する列のデータを確認し、数値以外の値を数値に修正する必要がありま
す。今回の場合は、セルC2の「45個」を「45」に修正することで、エラーが解消さ
れました。

　このように、エラーが発生したセルの数式や表示されたエラーメッセージなど、
できるだけ詳しい情報をCopilotに伝えることが、適切な回答を引き出すコツとい
えるでしょう。さらに、Copilotの回答を基に実際のデータを確認し、原因を特定す
ることで、エラーを速やかに解決できます。

Section 06
エラーを回避するための数式を教えてもらう

Copilotは、数式で発生したエラーの原因を特定するだけでなく、エラーを回避するための数式を提案する機能も備えています。ここでは、前項のサンプルを引き続き用いて、特定した原因などの情報を基に、Copilotにエラーを回避する数式を提案してもらう方法を解説します。

具体的に見ていきましょう。「コンバージョン率」列のセルD2で発生している「#VALUE!」エラーについて、Copilotに改善策を尋ねます（**図1**）。

エラーの原因が特定できている場合、その原因を指摘したうえで、「○○のエラーを避ける数式は?」などとCopilotに質問します。

プロンプトテンプレート

○○のエラーを避ける数式は?

例
「クリック数または商品購入数に数値以外のデータが入力されている場合、コンバージョン率のエラーを避ける数式は?」

「商品購入数に0が入力されている場合、コンバージョン率のエラーを避ける数式は?」

	A	B	C	D
1	商品ID	クリック数	商品購入数	コンバージョン率
2	BLOUS001	900	45個	#VALUE!
3	BLOUS002	950	40	4.2%
4	BLOUS003	1,000	50	5.0%
5	BLOUS004	1,		5.0%
6	BLOUS005	1,200	60	5.0%
7	BLOUS006	1,300	65	5.0%
8	BLOUS007	1,400	70	5.0%

エラーが発生している

セルC2が数値ではないことが原因

図1 セルD2に「#VALUE!」エラーが発生している。前項の段階で、セルC2が文字列になっていることが原因だとわかっている

85

ここでは、数式が参照するセルに数値以外のデータ（文字列）が入っていたことがエラーの原因でした。そこで、Copilotに「クリック数または商品購入数に数値以外のデータが入力されている場合のエラーを避ける数式は?」のように質問します（**図2**）。

　するとCopilotは、IF関数とAND関数、ISNUMBER関数を用いて、エラーを回避しつつ、コンバージョン率を正確に計算するための数式を提案してきました。IF関数の条件として指定しているのは、次のような式です。

```
AND(ISNUMBER([@クリック数]), ISNUMBER([@商品購入数]), [@クリック数]<>0)
```

　AND関数は、引数に指定した値がすべて「真（TRUE）」のときに「真

クリック数または商品購入数に数値以外のデータが入力されている場合のエラーを避ける数式は？

数値以外のデータが入力されている場合にエラーを避けるためには、IF 関数と ISNUMBER 関数を使用して、両方のセルが数値であることを確認する数式を作成できます。以下の数式は、クリック数と商品購入数が数値である場合にのみ計算を行い、そうでない場合はエラーを回避します。

fx

```
=IF(AND(ISNUMBER([@クリック数]), ISNUMBER([@商品購入数]), [@クリック数] <> 0), [@商品購入数]/[@クリック数], "エラー")
```

この数式は以下の手順で動作します：

1. AND 関数を使用して、「クリック数」と「商品購入数」が数値であり、かつ「クリック数」が0でないことを確認します。
2. 条件が真の場合（つまり、両方のセルに数値が入力されていて、「クリック数」が0でない場合）、商品購入数をクリック数で割ります。
3. 条件が偽の場合（つまり、いずれかのセルに数値以外のデータが入力されているか、「クリック数」が0の場合）、"エラー"というテキストを表示します。

図2 Copilotによる回答。エラーを避けるためにIF 関数とAND 関数、ISNUMBER 関数の使用を提案している

（TRUE）」を返す関数です。この条件式では、

- ISNUMBER([@クリック数])……「クリック数」列が数値である
- ISNUMBER([@商品購入数])……「商品購入数」列が数値である
- [@クリック数]<>0 ……「クリック数」列が「0」ではない

という3つの条件が満たされるときに「TRUE」を返します。つまり、Copilotが提案するIF関数式を使用することで、以下のようなエラーを回避できます。

- 「クリック数」または「商品購入数」の列に数値以外のデータが入力されている場合のエラー
- 「クリック数」が0の場合のエラー（0で割ったときに発生するエラー）

　CopilotのIF関数式では、こうしたエラーが発生していない場合に「[@商品購入数]/[@クリック数]」という数式でコンバージョン率を計算し、それ以外の場合は「エラー」という文字列を返します。すなわち、エラーが発生するような場合に「エラー」とセルに表示するため、データに問題がある箇所を視覚的に特定しやすくなります。

　このように、Copilotはエラーの原因を特定するだけでなく、具体的な要望に応じてエラーを回避する数式も提案してくれるため、Excel作業を効率化することができます。

利益率やROIの計算をする

　ここからは、ビジネスの現場でよく求められる実務的な計算を、Copilotの支援を受けながら実現する方法を解説していきます。まずは売上データから「利益率」や「ROI（投資対効果）」を計算する方法です。ここでは、**図1**のようなデータをサンプルとして用います。

　早速、Copilotに「利益率とROIを計算して」のように依頼してみましょう。すると、利益率とROIを求める計算式がそれぞれ提案されます（**図2**）。

　利益率の数式は、売上合計から広告費合計を引き、その結果を売上合計で割るというものです。一方、ROIの数式は、売上合計から広告費合計を引いて、広告費合計で割ります。これにより、広告費に対してどの程度の利益が出ているかを把握できます。

　「列の挿入」ボタンをクリックすると、提案された数式の列が、それぞれ「利益率」と「ROI」として自動的に挿入されます（**図3**）。

　挿入された列を確認すると、利益率とROIが正しく計算され、パーセントで適

	A	B	C
1	広告媒体	売上合計	広告費合計
2	SNS広告	3,672,000	2,178,401
3	アプリ広告	4,434,000	1,717,585
4	ショート動画広告	3,570,000	1,717,734
5	バナー広告	3,265,000	1,141,366
6	動画広告	2,154,000	555,229
7			

図1 売上データの例。広告媒体ごとに「売上合計」や「広告費合計」が入力されている

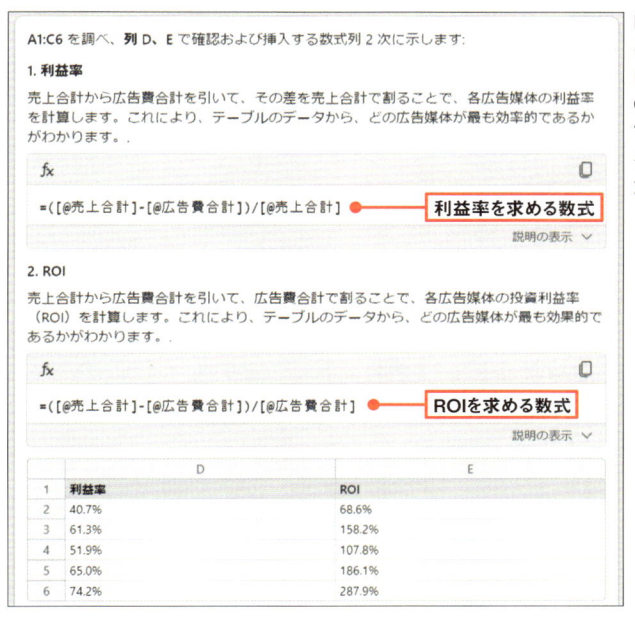

図2 図1のテーブルについて「利益率とROIを計算して」とCopilotに依頼した。すると利益率とROIを計算するための数式を提示してくれる

切に表示されていることがわかります。例えば、5番目のデータのROIは287.9%となっています。これは、5番目の広告媒体は広告費に対する利益の割合が非常に高く、広告の効果が大きかったことを示しています。

	A	B	C	D	E
1	広告媒体	売上合計	広告費合計	利益率	ROI
2	SNS広告	3,672,000	2,178,401	40.7%	68.6%
3	アプリ広告	4,434,000	1,717,585	61.3%	158.2%
4	ショート動画広告	3,570,000	1,717,734	51.9%	107.8%
5	バナー広告	3,265,000	1,141,366	65.0%	186.1%
6	動画広告	2,154,000	555,229	74.2%	287.9%
7					
8					

列が追加された

図3 「列の挿入」ボタンをクリックすると、「利益率」列と「ROI」列が追加された。それぞれ図2の数式が自動入力され、パーセントスタイルも自動設定されている

損益分岐点を求める

さまざまな数式を提案してくれるCopilotを活用すれば、「損益分岐点」を計算することも簡単にできます。損益分岐点とは、売上高と総費用が等しくなる点のことを指します。この点を超えて売上高が増加すれば利益が出始め、逆に売上高がこの点を下回ると損失が発生します（**図1**）。

総費用は、固定費と変動費の合計です。固定費は売上高の多寡にかかわらず一定の金額がかかる費用で、家賃や基本給などがあります。一方、変動費は売上高に比例して増減する費用で、仕入れ原価や材料費などがあります。

具体的な事例を見ていきましょう。**図2**の表は、ある会社の商品リストです。商品ごとに単価と1個あたりの原材料費が記載されています。原材料費は売れば売るほどかかってくるので、これを変動費と見なします。

一方、固定費は商品の売上高にかかわらず一定の金額がかかる費用です。今回は倉庫の維持コストを固定費として設定します。倉庫全体の維持コストが100万円で、各商品はその一部を占有しているとします。商品Aの倉庫占有率

●いくら売れれば利益が出るのか？

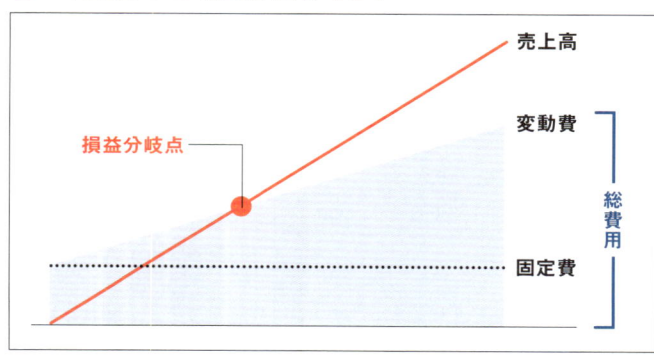

図1 売上高と総費用が等しくなる点のことを「損益分岐点」という。売上高がこれを上回れば利益を得られるが、下回ると損失になる

Excel × Copilot

> ・倉庫全体の維持コストは100万円
> ・各商品の倉庫占有率でその費用を案分し、固定費とする

	A	B	C	D
1	商品名	単価	1個あたり原材料費	倉庫占有率
2	商品A	5,000	2,500	12%
3	商品B	8,000	4,000	8%
4	商品C	10,000	5,000	15%
5	商品D	6,000	3,000	10%
6	商品E	12,000	6,000	6%
7	商品F	7,000	3,500	18%

変動費　　固定費

図2 ここで使用する商品リストの例。商品ごとに単価と1個あたりの原材料費、倉庫占有率が記載されている

は12%なので、商品Aの倉庫維持コストは100万円の12%である12万円と計算します。

まずは商品ごとの固定費＝倉庫維持コストを計算

それではまず、商品ごとの固定費である倉庫維持コストを計算してみましょう。Copilotに「倉庫の維持コストを100万円とし、倉庫占有率を掛け算することで、商品あたりの倉庫維持コストを計算」と依頼してみます。

すると、「＝［@倉庫占有率］ * 1000000」という数式が提案されます（次ページ図3）。倉庫占有率と100万を掛け算する数式です。そのまま「列の挿入」をクリックすることで、新しい列が追加され、数式が挿入されます。

次に、損益分岐点を求めるために「原材料費と倉庫維持コストを用いて各商品の損益分岐点を計算して」とCopilotに依頼します（93ページ図4）。

Copilotが提案した数式は、倉庫維持コストを（単価−1個あたりの原材料費）で割るというものです。この数式を用いることで各商品の損益分岐点における販売個数が求められます。例えば商品Aの場合、48個売れた時点で収支がゼロになります。そのまま「数式の挿入」ボタンをクリックすると、損益分岐点の列が追加され、商品ごとの損益分岐点での販売個数が表示されます。

なお、上記で算出された損益分岐点は、販売個数を表す数値となっています。

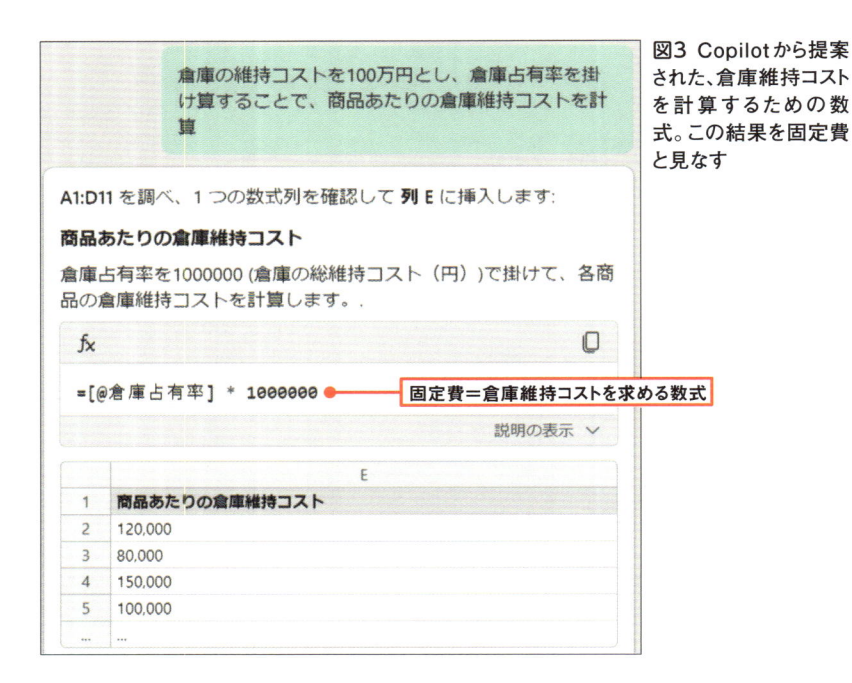

さらに、売上金額ベースでの数値を知りたい場合は、損益分岐点の個数に単価を掛け合わせます。この計算は数式を直接入力することでも求められますが、Copilotに「損益分岐点の数値に単価を掛けて」などと依頼すれば数式を提案してくれます（**図5**）。

　例えば商品Aの場合、48個 × 5000円 = 24万円となります。この金額の売上があれば、売上金額と費用が等しくなる計算です。

　このように、Copilotを活用することで損益分岐点の計算を効率的に行うことができます。変動費と固定費を勘案して損益分岐点を導き出す数式を提案してくれるので、経営判断に必要な情報をスムーズに得ることができるでしょう。

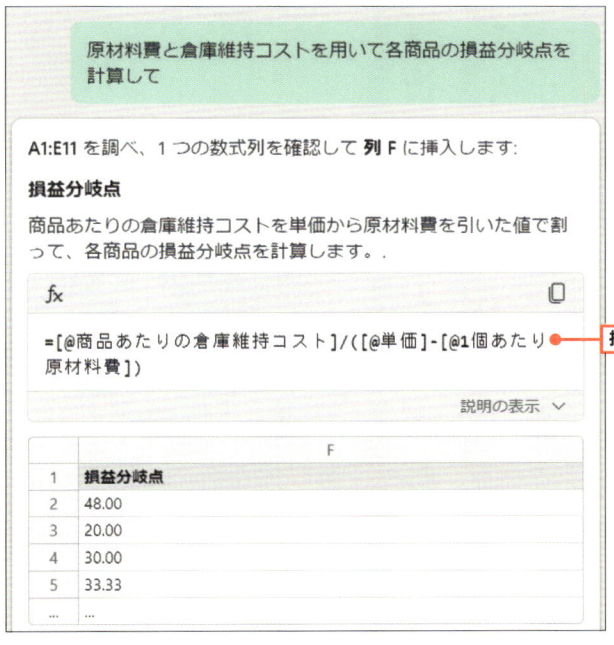

図4 Copilotから提案された、損益分岐点を計算するための数式。この損益分岐点は販売個数を表している。この販売個数を超えないと利益が出ないことになる

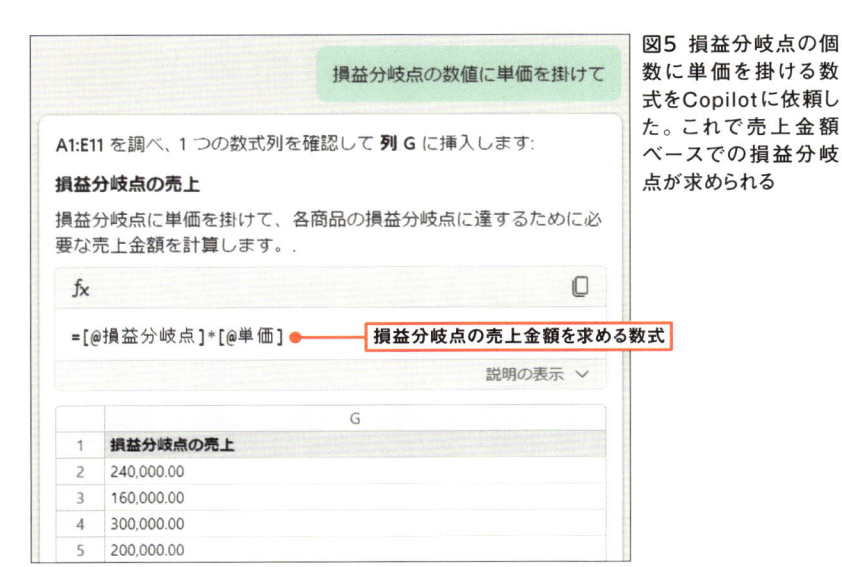

図5 損益分岐点の個数に単価を掛ける数式をCopilotに依頼した。これで売上金額ベースでの損益分岐点が求められる

パレートの法則に基づく
ABC分析を行う

　「ABC分析」は、パレートの法則に基づいた分析手法です。パレートの法則とは、「全体の80％の結果は、全体の20％の原因から生み出される」という経験則のことをいいます。ABC分析では、この法則を応用し、売り上げに対する貢献度に応じてA、B、Cの3つのグループに商品を分類します。具体的には、売り上げの大きい順に商品を並べて累積の売上構成比を計算し、次のような基準で分類するのが一般的です（**図1**）。

●**Aグループ** …… 累積売上構成比が80％以下の商品＝貢献度が高い商品
●**Bグループ** …… 累積売上構成比が80％より大きく95％以下の商品＝貢献度が中くらいの商品
●**Cグループ** …… 累積売上構成比が95％より大きい商品＝貢献度が低い商品

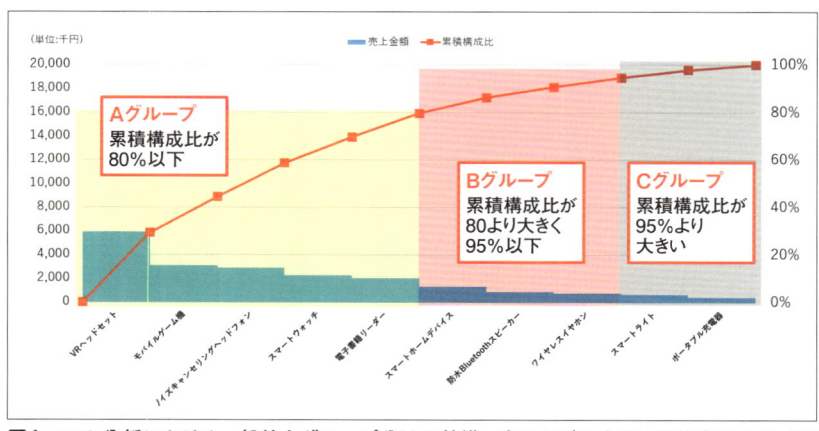

図1 ABC分析における一般的なグループ分けの基準。売り上げの大きい順に商品を並べて累積の売上構成比を計算し、その比率で3つのグループに分ける

　ABC分析の目的は、グループごとに適切な管理方法を採用することです。Aグループは重要度が高いため、重点的に経営資源を投入します。一方、Cグループは重要度が低いため、コストを削減する方向で管理します。Bグループは、AグループとCグループの中間的な管理を行います。

　このように、ABC分析を行うことで、限られた経営資源を売り上げに大きく貢献する商品に集中させ、効率的な管理を行うことができるのです。

Copilotを活用したABC分析の手順

　このようなABC分析を行う際にも、Copilotは強力にサポートしてくれます。ここでは、Copilotを活用したABC分析の手順を解説します。

　まず、分析対象となるデータを準備します。ここでは、商品ごとの売上金額が記録された**図2**のようなテーブルを使用します。

　ABC分析をするには、商品を売上金額の大きい順（降順）に並べ替える必要があります。それには「売上金額」列の「▼」ボタンをクリックし、「降順」を選びます（次ページ**図3**）。

　続いて、各商品の売上構成比を計算します。売上構成比とは、各商品の売上金額が全体の売上金額に占める割合のことです。

第3章
Copilotに
数式の提案をさせる

	A	B	C
1	連番 ▼	商品名 ▼	売上金額 ▼
2	1	電子書籍リーダー	2,028,000
3	2	スマートホームデバイス	1,344,000
4	3	VRヘッドセット	5,950,000
5	4	防水Bluetoothスピーカー	910,000
6	5	モバイルゲーム機	3,088,000
7	6	ワイヤレスイヤホン	800,200
8	7	ノイズキャンセリングヘッドフォン	2,895,000
9	8	スマートライト	660,000
10	9	スマートウォッチ	2,250,000
11	10	ポータブル充電器	432,000

図2 ここで使用するABC分析用のデータ。商品ごとに売上金額が記録されている

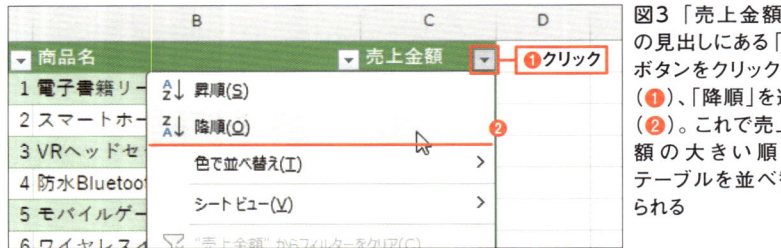

図3 「売上金額」列の見出しにある「▼」ボタンをクリックして（❶）、「降順」を選ぶ（❷）。これで売上金額の大きい順に、テーブルを並べ替えられる

　Copilotに「各商品の売上構成比を計算して」と依頼すると、売上構成比を計算するための数式が提案されます（**図4**）。数式を確認し、問題なければ「列の挿入」ボタンをクリックして計算式を反映します。

　次は、累積の売上構成比を計算します。これは、各商品の売上構成比を、上

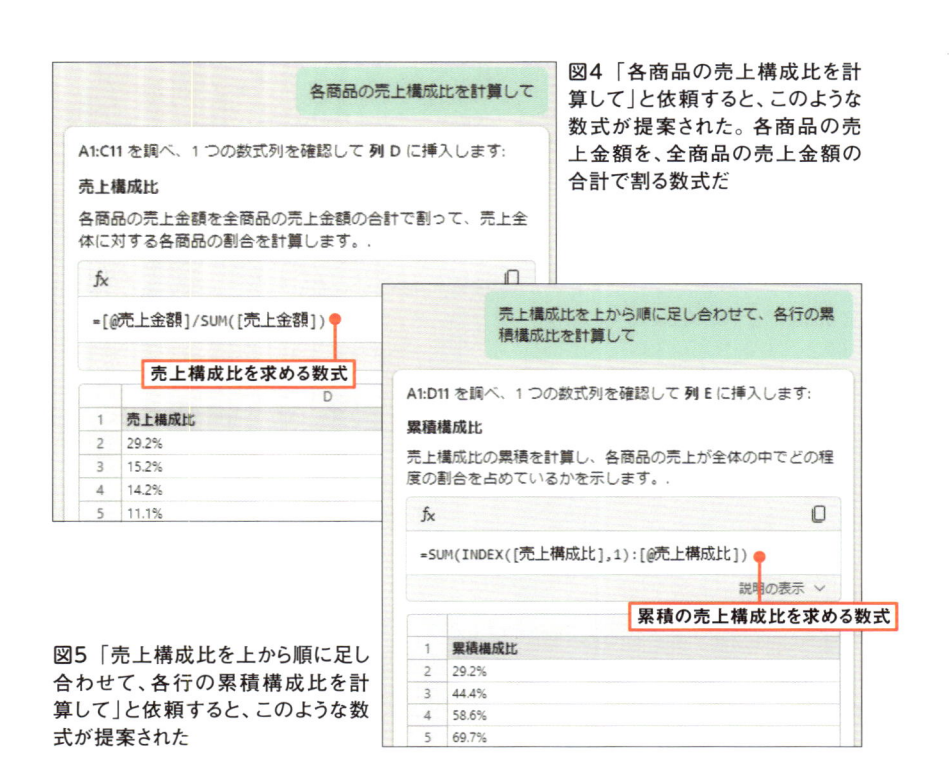

図4 「各商品の売上構成比を計算して」と依頼すると、このような数式が提案された。各商品の売上金額を、全商品の売上金額の合計で割る数式だ

図5 「売上構成比を上から順に足し合わせて、各行の累積構成比を計算して」と依頼すると、このような数式が提案された

から順に足し合わせていったものです。

Copilotに「売上構成比を上から順に足し合わせて、各行の累積構成比を計算して」というプロンプトを与えると、数式を提案してくれます（**図5**）。適切な数式が得られたら、「列の挿入」ボタンをクリックして計算式を反映します。

なお、この「累積構成比」の計算をCopilotに命令すると、間違った数式を提案されることがよくあるようです。その場合は、回答の下に表示される「数式列の候補を表示する」ボタンなどをクリックして、別の数式を提案させてみましょう。

最後に、累積構成比に基づいて各商品をA、B、Cの3グループに分類します。ここでは、累積構成比が80％以下の商品をAグループ、累積構成比が80％より大きく95％以下の商品をBグループ、累積構成比が95％より大きい商品をCグループとします。

そこで、Copilotに「累積構成比が80％以下ならA、累積構成比が95％以下ならB、それ以外ならCと出力するグループ列を作って」というプロンプトを送信します。すると、IF関数を用いてグループを分類する数式が提案されます（**図6**）。

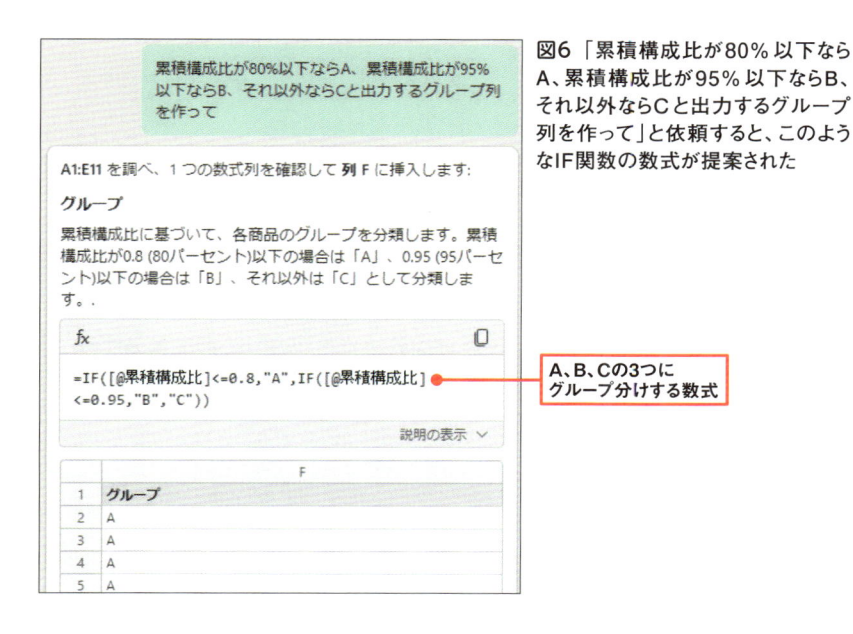

図6 「累積構成比が80％以下ならA、累積構成比が95％以下ならB、それ以外ならCと出力するグループ列を作って」と依頼すると、このようなIF関数の数式が提案された

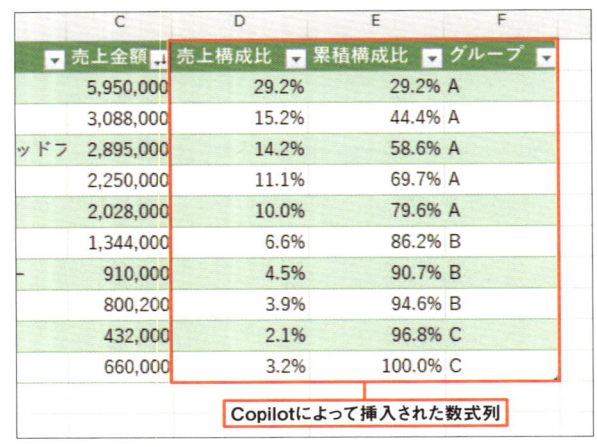

図7 それぞれ「列の挿入」ボタンをクリックしてすべての数式列を追加した結果。売上構成比、累積の売上構成比がそれぞれ計算され、その比率によりA、B、Cの3つにグループ分けされている

Copilotによって挿入された数式列

提案された数式を確認し、問題なければ「列の挿入」ボタンをクリックして計算式を反映しましょう。

　これにより、各商品がA、B、Cのいずれかのグループに分類されます（**図7**）。Aグループに属する商品は、売り上げ全体に対する貢献度が高い重要な商品なので、重点的な管理が求められます。こうしたABC分析の結果を基に、具体的な経営施策を検討することができます。

 memo

　累積構成比を基にA、B、Cに分類するための基準は、必ず決まった値があるわけではありません。本書では、多くのケースで用いられている値（80%、95%）を採用しましたが、分析の目的に応じて適宜調整してください。
　また、このグループ分けは、売り上げ以外の指標（利益率、販売数量など）について行うこともできます。

VLOOKUP関数を用いて別表を参照する

データ分析の際、別のシートにある参照用のテーブルからデータを取得したいというケースは多くあります。そんなときに役立つのが、「VLOOKUP」と呼ばれる関数です。ここでは、CopilotにVLOOKUP関数を用いた数式を提案してもらう方法を見ていきましょう。

VLOOKUP関数を使うのは、例えば**図1**のようなケースです。左上のように、

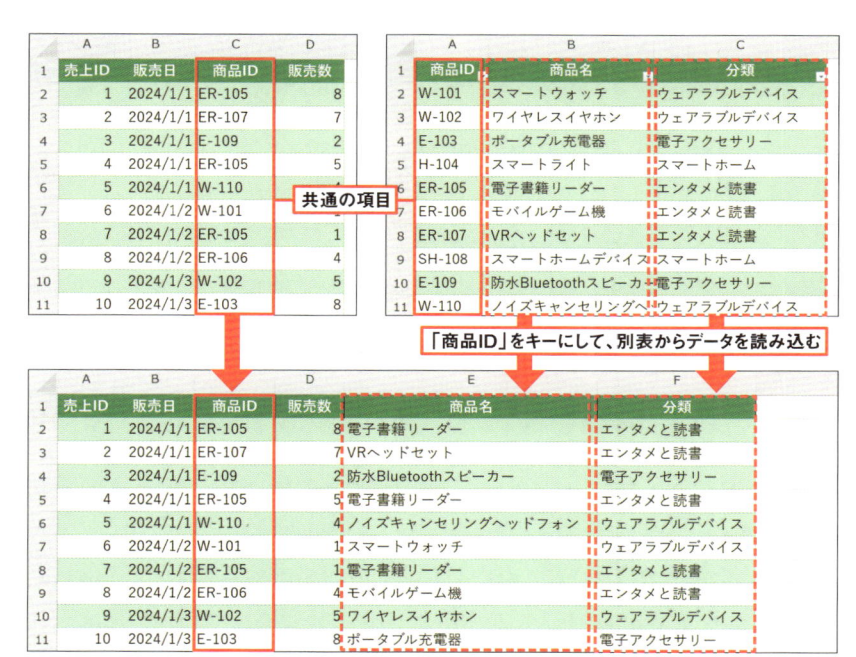

図1 「商品ID」しか記載されていない左上のような売上表がある。一方、商品IDごとに「商品名」と「分類」をまとめた右上のような商品マスターがある。こんなとき、VLOOKUP関数を使えば、商品IDをキーに右上の表を検索し、下表のように商品名と分類を自動で表示させることができる

第3章 Copilotに数式の提案をさせる

商品IDごとの販売数や販売日のデータが記入された売上表があるとします。そこに、商品名や分類の情報はありません。一方で、右上のように商品IDに対応する商品名と分類の情報がまとめられた商品マスターがあります。これら2つの表を組み合わせれば、共通項となっている「商品ID」をキーにして、売上表に商品名と分類を表示させることができます。このようなデータベース的な機能を実現するのが、VLOOKUP関数です。

「VLOOKUP関数は聞いたことあるけれど、数式の立て方がよくわからない」という方は多いようですが、Copilotがあれば問題ありません。CopilotにVLOOKUP関数の数式を提案してもらえばよいのです。それには次のようなプロンプトを与えるとよいでしょう。

プロンプトテンプレート

〇〇が一致するアイテムの△△を参照するVLOOKUP関数を書いて

例
「商品IDが一致するアイテムの商品名と分類を参照するVLOOKUP関数を書いて」

「社員番号が一致するアイテムの社員名と部署名を参照するVLOOKUP関数を書いて」

上記の〇〇の部分には、キーとなる列の名前（例えば「商品ID」「社員番号」など）を入力します。△△の部分には、参照したい列の名前（例えば「商品名」「社員名」など）を入力してください。

ここでは図1のように、「商品ID」に対応する「商品名」と「分類」の情報を、別シートにあるの商品マスターから取得します。そこで、Copilotに「商品IDが一致するアイテムの商品名と分類を参照するVLOOKUP関数を書いて」という依頼をします。もし、「さらに情報が必要です。」と言われた場合は、参照する商品マスターのテーブル名も書き込むとよいでしょう。

すると、Copilotは商品名と分類をそれぞれ参照するための2つのVLOOKUP関数式を提案してくれます（**図2**）。「列の挿入」ボタンをクリックする

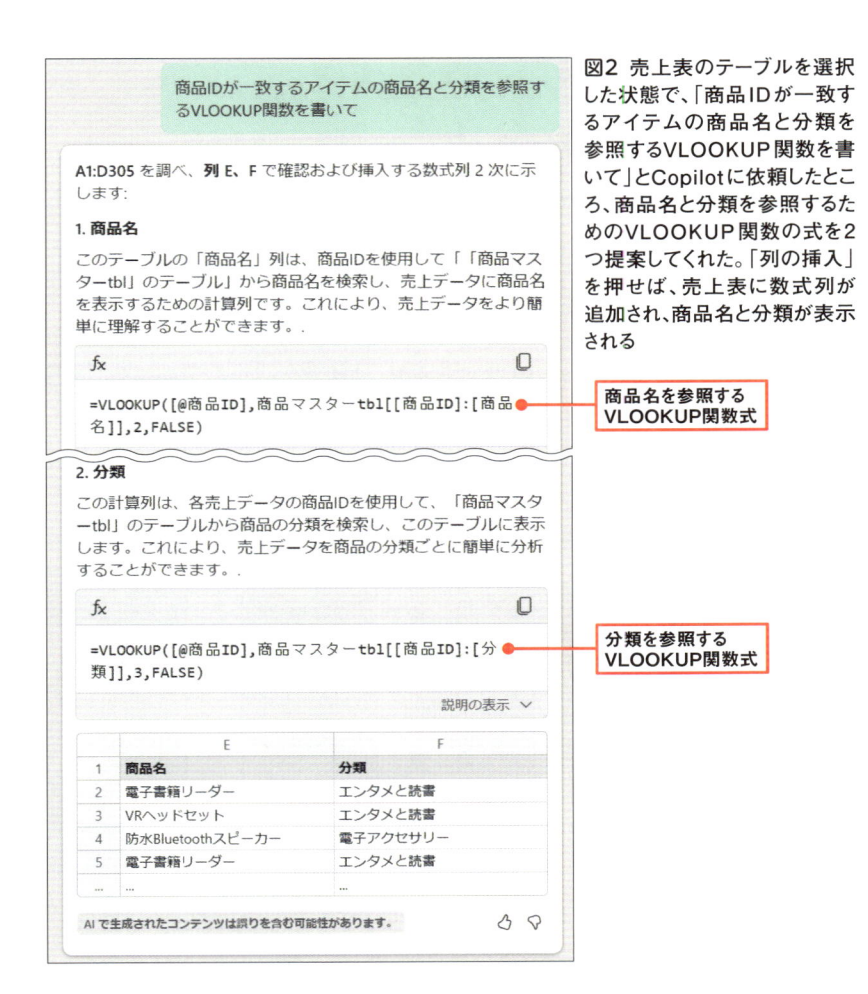

図2 売上表のテーブルを選択した状態で、「商品IDが一致するアイテムの商品名と分類を参照するVLOOKUP関数を書いて」とCopilotに依頼したところ、商品名と分類を参照するためのVLOOKUP関数の式を2つ提案してくれた。「列の挿入」を押せば、売上表に数式列が追加され、商品名と分類が表示される

第3章 Copilotに数式の提案をさせる

と、これらの数式がシートに反映されて、図1下のような表が出来上がります。

　このようにCopilotを活用することで、複数の参照列に対するVLOOKUP関数の式を一度に提案してもらえます。通常は列ごとにVLOOKUP関数を書く必要がありますが、Copilotならより効率的に数式を作成できるわけです。

ゴールシークを用いた
What-If 分析

次に紹介するのは、Excelの「ゴールシーク」と呼ばれる機能を用いたWhat-If分析の方法です。ゴールシークとは、特定の数式の結果を指定の値にするために必要な入力値を逆算する機能のことを指します。Copilotにゴールシークの実行方法を質問することで、What-If 分析をサポートしてもらえます。

Copilotには、次のような形で質問をするといいでしょう。

プロンプトテンプレート

ゴールシークを使って、〇〇が△△になるための☆☆を求めるにはどうしたらいい?

| 例 | 「ゴールシークを使って、利益の合計が100万円になるための商品Aの価格を求めるにはどうしたらいい?」 |
| | 「ゴールシークを使って、不良品の割合が3% 以下になるための良品の個数を求めるにはどうしたらいい?」 |

上記の〇〇の部分には、対象にする数式の説明(例えば「利益の合計」など)、△△の部分には、結果として得たい値(例えば「100万円」など)、☆☆の部分には、変更を加えるセルの説明(例えば「商品Aの価格」)を入れます。

ここでは、**図1**のようなデータについて、「ゴールシークを使って、利益の合計が100万円になるための商品1個あたりの価格を求めるにはどうしたらいい?」とCopilotに質問してみましょう。

すると、Copilotはゴールシークを実行するための手順を丁寧に説明してくれます(**図2**)。ただし、残念ながらこの操作をCopilotに実行させることはできません。そのため、この説明を見ながら、自分で操作を行う必要があります。

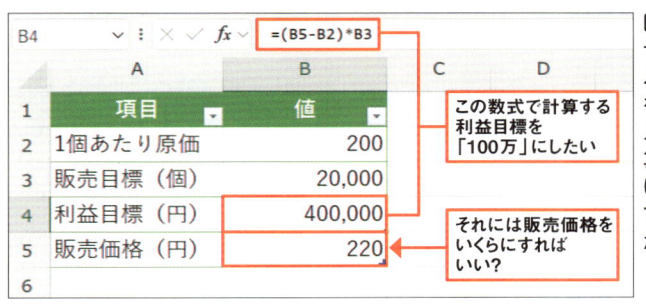

図1 ここで使用するサンプルデータ。セルB4には利益目標を計算する数式が入っている。この計算結果が100万円になるように逆算して、販売価格を決めたい

その際に注意したいのは、Copilotの説明は、日本語版Excelでの表記と完全に一致しない場合があることです。これは、Copilotが英語版のExcelをベースに学習しているためと思われます。

そこで、追加で「表記が違うようです。日本語版Excelに合わせて説明してください。「数式入力セル」「目標値」「変化させるセル」という項目があります。どうすればいいですか?」のように質問し、日本語版Excelの表記に合わせてもう一

ゴールシークを使って、利益の合計が100万円になるための商品1個あたりの価格を求めるにはどうしたらいい?

ゴールシークを使用して利益の合計が100万円になるための商品1個あたりの価格を求めるには、以下の手順に従います。

1. 利益を計算する式を含むセルを特定します。このセルは、売上から原価を引いた値を表示するものです。
2. 「データ」タブの「What-If 分析」グループにある「ゴールシーク」を選択します。
3. ゴールシークのダイアログボックス_____ます。
   ○ 「セットセル」には、利益_____を指定します。
   ○ 「目標値」には、100万円を入力します。
   ○ 「変更するセル」には、商品1個あたりの価格を計算しているセルを指定します。
4. 「OK」をクリックしてゴールシークを実行します。

ゴールシークは、指定された「変更するセル」の値を調整して、「セットセル」の値が「目標値」になるようにします。このプロセスが完了すると、商品1個あたりの価格が利益の合計が100万円になるように設定されます。
ただし、実際の計算を行うためには、利益を計算する式や、売上と原価のデータが必要です。提供されたデータコンテキストには、ゴールシークを実行するための具体的な数値や式が含まれていないため、具体的な手順を説明することはできません。実際のデータを使用してゴールシークを実行する際には、上記の手順を参考にしてください。

日本語版Excelにはない項目名

図2 図1の表について、「ゴールシークを使って、利益の合計が100万円になるための商品1個あたりの価格を求めるにはどうしたらいい?」とCopilotに質問した結果。英語版をベースにした解説が散見される

図3 「表記が違うようです。日本語版Excelに合わせて説明してください。「数式入力セル」「目標値」「変化させるセル」という項目があります。どうすればいいですか？」のように追加で質問すると、日本語版Excelの項目名で解説してくれる

度説明し直してもらいましょう。すると今度は、日本語版Excelに沿った説明になります（**図3**）。

　それではCopilotの説明に沿って、ゴールシークを操作してみます。まず、「データ」タブにある「What-If 分析」をクリックし、開くメニューから「ゴールシーク」を選びます（**図4**）。すると「ゴールシーク」ダイアログが開きます（**図5**）。

　「数式入力セル」欄には、利益目標を計算する数式が入っているセルB4を指定します。入力欄を選択してセルB4をクリックすると、「B4」のように指定されま

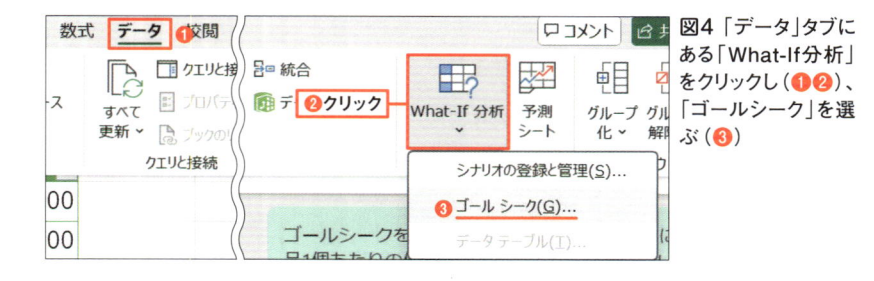

図4 「データ」タブにある「What-If分析」をクリックし（❶❷）、「ゴールシーク」を選ぶ（❸）

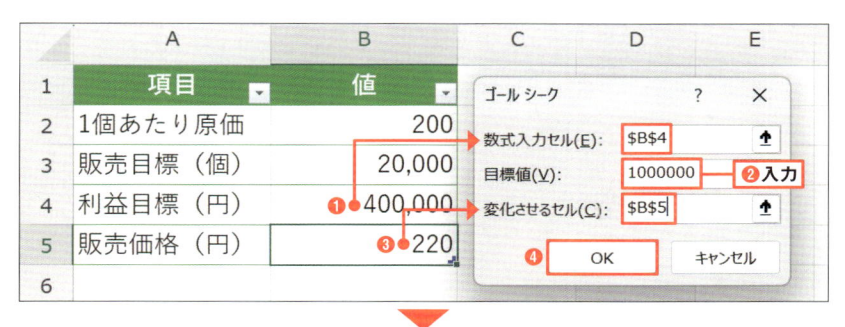

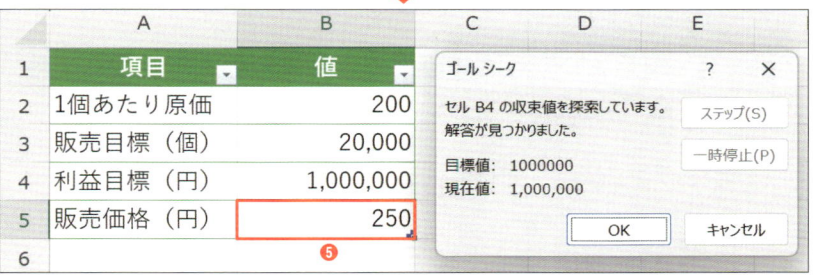

図5 開いた「ゴールシーク」ダイアログの「数式入力セル」欄に、利益目標を計算する数式が入ったセルB4を指定（❶）。「目標値」欄には100万を入力し（❷）、「変化させるセル」欄に販売価格のセルB5を指定する（❸）。セルの指定は、クリック操作で可能。「OK」ボタンを押せば、逆算が始まり、最適な販売価格が表示される（❹❺）

第3章
Copilotに
数式の提案をさせる

す。「目標値」欄は、その数式の結果がいくつになるようにしたいのかを指定するので、今回は「1000000」（100万）と入力します。そして「変化させるセル」に、逆算して求めたい販売価格のセルを指定します。今回はセルB5をクリックして「B5」とします。これで「OK」ボタンを押すと、逆算が始まり、結果が表示されます。ゴールシークにより、利益目標を100万円にするために必要な販売価格は「250」円が最適な値であることがわかります。

　このようにゴールシークを活用することで、目標とする結果を達成するための入力値を簡単に見つけ出すことができます。

Copilotで
データを強調する

この章で学ぶこと

- Copilotを使ってデータに「条件付き書式」を設定する方法
- Copilotが作った書式のルールを確認し、編集するコツ
- どのような可視化の方法があるのか、その種類を知る
- データバーやカラースケールの設定をCopilotに頼む方法

佐藤君

Excelのデータって、もっと見やすく整理できないかなぁ。重要なデータが埋もれちゃって、なかなか見つけにくいんだよね。

コパイロ君

それならCopilotを使おう！ データを強調表示してくれる便利な機能があるんだ。特定の条件を満たすデータに色を付けたり、重要な数値を太字にしたりできるんだよ。

へぇ！ そんな機能があるんだ！ でも、強調表示の設定って、結構面倒じゃない？ 条件付き書式とか、よくわからないし……。

大丈夫！ Copilotなら、自然な言葉で条件を説明するだけで、条件付き書式を設定してくれるよ。例えば、「売上が100万円以上の行を赤色で塗りつぶして」などと伝えるだけでOKなんだ。

それなら、誰でもデータを見やすく整理できそう。早速Copilotの強調表示機能を使ってみたいな！

そうだね！ この章では、Copilotを使ってデータを効果的に強調表示する方法を学んでいこう。きっと、データ分析がもっと楽しくなるはずだよ。一緒にチャレンジしてみよう！

第4章
Copilotで
データを強調する

Copilotに頼んで
データを強調表示する

Excelで作成したデータを見やすく整理したいと思ったことはありませんか?
例えば、特定の条件を満たすデータに色を付けたり、重要な数値を太字にしたり
することで、データの傾向や特徴をよりわかりやすく表示することができます。
ExcelのCopilotには、こうした強調表示を自動で行ってくれる機能があります。
本章では、Copilotの強調表示機能を活用する方法を解説します。

「条件付き書式」を適用できる

Copilotの強調表示機能は、「売上金額が500,000以上なら太字にして」と
いった指示内容を理解し、Excelの「条件付き書式」機能を自動的に設定してく
れるというものです。以下に、この機能の主な特徴をまとめます。

1. さまざまな条件に対応

数値の大小、文字列の有無、平均値との比較など、多様な条件を指定するこ
とができます。

2. 柔軟な強調方法

太字、斜体、文字色の変更、セルの塗りつぶし、色やアイコンの追加など、さま
ざまな強調方法を選択できます。

3. 「条件付き書式」の自動設定

ユーザーが指定した条件に基づいて、Excelの「条件付き書式」を自動的に
設定してくれます。

それでは、Copilotを使ってセルの強調表示を実行してみましょう。Copilotに強調表示を依頼するときは、「○○が△△なら□□にして」のような書き方で、プロンプトを入力するとよいでしょう。

上記の○○の部分には、列名（項目名）を入れます。△△の部分には、適用する条件を書き込み、□□の部分に、適用する書式を指定します。

具体的な例として、**図1**のような売上データにおいて、「売上金額」が50万円以上のセルを太字にする場合を考えてみましょう。この場合、Copilotへの指示は「売上金額が500,000以上なら太字にして」のように入力します。

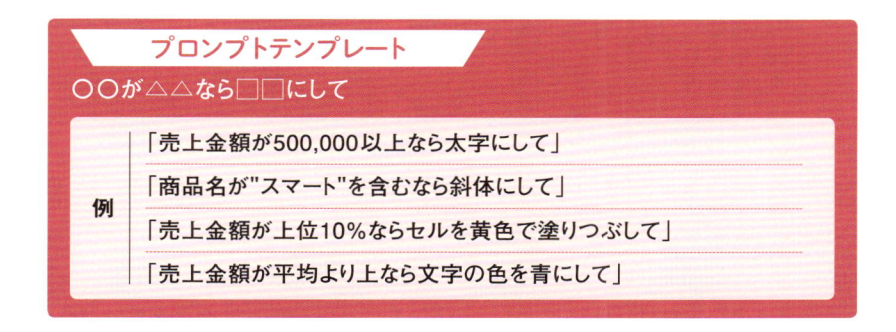

	A	B	C	D	E	F	G	H
1	開始日	終了日	商品ID	商品名	クリック数	商品購入数	広告費	売上金額
2	2024/3/31	2024/4/5	JEANS001	スリムフィットデニム	1,000	50	120,000	500,000
3	2024/3/31	2024/4/14	TSHIRT01	半袖プリントTシャツ	1,500	75	90,000	375,000
4	2024/4/7	2024/4/18	DRESS001	フローラルワンピース	2,000	60	150,000	600,000
5	2024/4/7	2024/4/21	TSHIRT02	無地ベーシックTシャツ	800	30	60,000	180,000
6	2024/4/14	2024/4/23	JEANS002	ワイドレッグデニム	1,200	70	140,000	700,000
7	2024/4/14	2024/4/22	BLOUS001	シフォンブラウス	900	45	72,000	270,000
8	2024/4/21	2024/5/3	SKIRT001	プリーツミディスカート	1,800	80	160,000	800,000
9	2024/4/21	2024/4/29	HIJAB001	プレーンヒジャブ	600	20	40,000	100,000

図1　売上データの例。案件ごとに商品名や購入数、広告費、売上金額などが記入されている

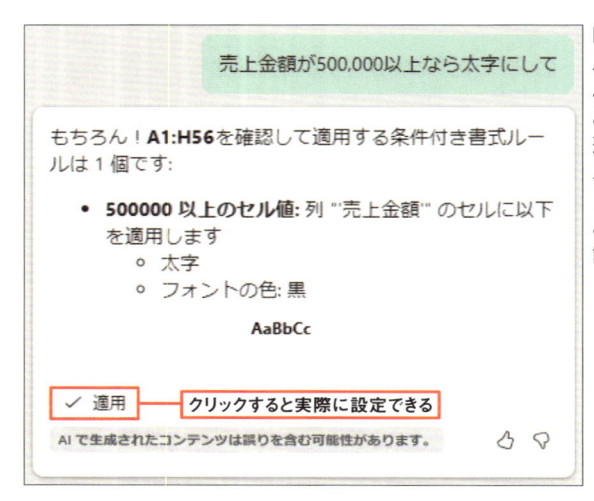

図2 「売上金額」が50万以上なら太字にして強調するようにCopilotに依頼すると、このように回答される。適用する条件付き書式ルールを事前に説明している。「適用」ボタンをクリックすると、該当するセルに太字が設定される

　すると、**図2**のように条件付き書式のルールを設定することを提案してきます。確認して「適用」をクリックすると、実際に「売上金額」列に条件付き書式が設定され、50万円以上のセルが太字になります（**図3**）。

　このように、Copilotを使えば、自然な文章で依頼するだけで、簡単にデータの強調表示を行うことができます。数値の大小だけでなく、文字列の有無や平均値との比較など、さまざまな条件を指定できるので、試してみてください。

C	D	E	F	G	H	I
商品ID	商品名	クリック数	商品購入数	広告費	売上金額	
ANS001	スリムフィットデニム	1,000	50	120,000	**500,000**	
HIRT01	半袖プリントTシャツ	1,500	75	90,000	375,000	
ESS001	フローラルワンピース	2,000	60	150,000	**600,000**	
HIRT02	無地ベーシックTシャツ	800	30	60,000	180,000	
ANS002	ワイドレッグデニム	1,200	70	140,000	**700,000**	
OUS001	シフォンブラウス	900	45	72,000	270,000	
IRT001	プリーツミディスカート	1,800	80	160,000	**800,000**	

図3 「売上金額」列に条件付き書式が設定され、値が50万以上のセルが太字になった

Section 02

Copilotが設定した「条件付き書式」を確認する

Copilotによるデータの強調表示は、Excelがもともと備える「条件付き書式」という機能を利用して実現されています。条件付き書式とは、あるルールに従って書式を自動的に適用する機能です。Copilotは、ユーザーの指示に基づいて条件付き書式を自動設定しますが、そのルールを後からユーザーが確認したり編集したりすることも可能です。

設定されたルールを確認する

実際にCopilotが設定した条件付き書式のルールを確認してみましょう。前節で適用した、「売上金額が500,000以上なら太字にして」という依頼に対する条件付き書式の設定内容を確認します。

それには、「ホーム」タブの「条件付き書式」ボタンをクリックし、「ルールの管理」を選択します（**図1**）。

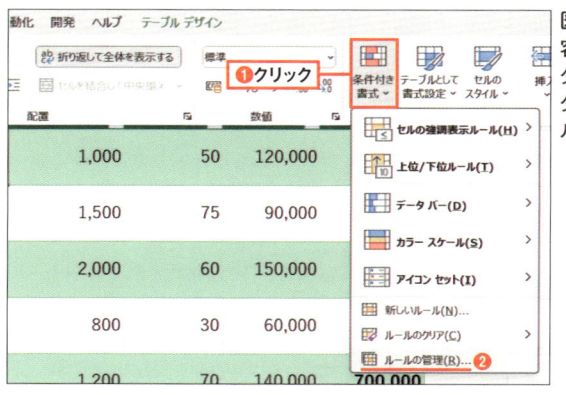

図1 条件付き書式の設定内容を確認するには、「ホーム」タブにある「条件付き書式」ボタンをクリックして（❶）、「ルールの管理」を選ぶ（❷）

第4章 Copilotでデータを強調する

111

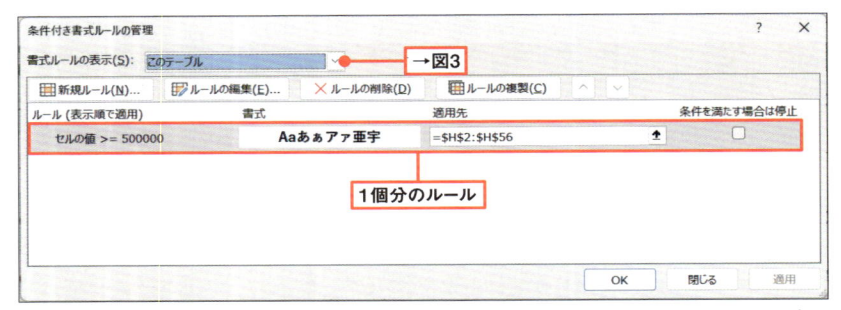

図2 「条件付き書式ルールの管理」ウインドウ。この画面でCopilotが作成したルールを確認したり、編集したりできる

　すると、「条件付き書式ルールの管理」ウインドウが開きます（**図2**）。ここに、Copilotが作成したルールの一覧が表示されます。今回の例では「セルの値が50万以上の場合に太字にする」というルールが1個、表示されています。「セルの値 >= 500000」という式で条件が示され、書式のプレビューと、適用先のセル範囲が表示されています。

　このウィンドウを見る際に重要なのが、上端にある「書式ルールの表示」という欄です（**図3**）。この欄では、どの範囲に設定されたルールを表示するかを選択できます。例えば、「このテーブル」を選択すると、現在選択しているセルが含まれているテーブルに適用されているルールが表示されます。ほかの選択肢には「現在の選択範囲」や「このワークシート」などがあります。もし目的のルールが表示されない場合は、この項目を確認する必要があります。

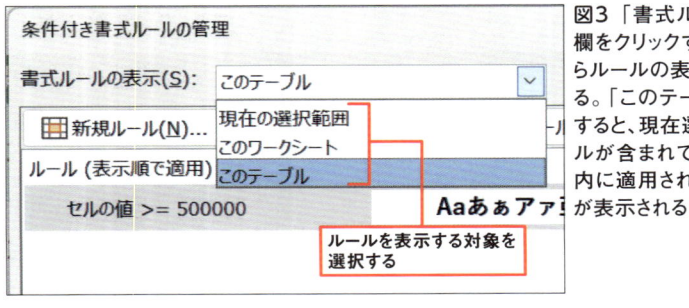

図3 「書式ルールの表示」欄をクリックすると、リストからルールの表示対象を選べる。「このテーブル」を選択すると、現在選択しているセルが含まれているテーブル内に適用されているルールが表示される

ルールを編集する

　Copilotが作成したルールを、ユーザーが編集することもできます。それには、ルールをクリックして選択し、「ルールの編集」ボタンをクリックします（**図4**）。

　すると、条件付き書式のルールを手動で編集するためのウインドウが開きます（**図5**）。ウインドウ下部には「セルの値」「次の値以上」「=500000」と入力されています。これで「セルの値が500000以上であれば、指定の書式を適用する」というルールになっているわけです。つまり、これらのルールを変更すれば条件が変わ

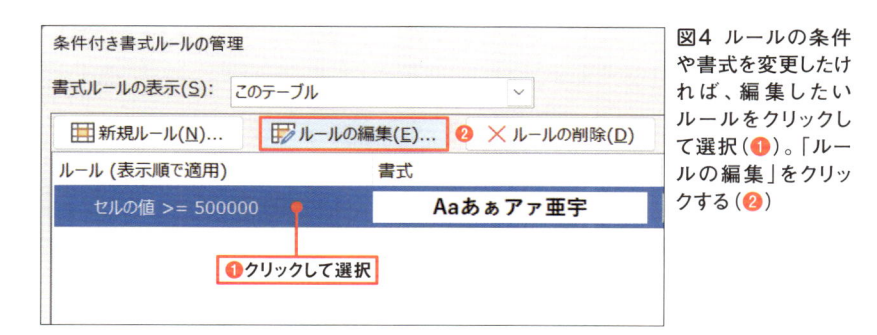

図4 ルールの条件や書式を変更したければ、編集したいルールをクリックして選択（❶）。「ルールの編集」をクリックする（❷）

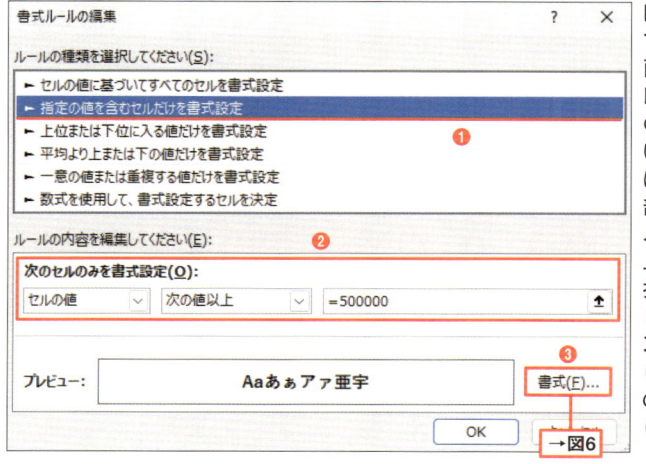

図5 ルールを手動で編集するための画面が開く。ウインドウ上部では「指定の値を含むセルだけを書式設定」が選ばれていて（❶）、下部でその条件が「セルの値」「次の値以上」「=500000」と指定されている（❷）。「書式」ボタンをクリックすると（❸）、適用する書式の設定画面が開く（次ページ図6）

第4章 Copilotでデータを強調する

113

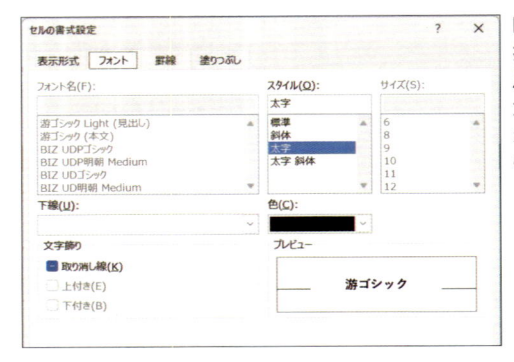

図6 前ページ図5で「書式」ボタンを押すと、この画面が開く。フォントは灰色になっていて変更できないが、太字、斜体、下線、取り消し線のほか、文字色や表示形式、罫線、セルの塗りつぶしなどを指定できる

るということです。また、適用する書式を変更したい場合は、「書式」ボタンをクリックします。すると、「セルの書式設定」画面が開いて文字のスタイルや色、罫線や塗りつぶしなどを変更することができます（**図6**）。

　なお、Copilotが作成したルールが不要になったら、削除することもできます。それには、「条件付き書式ルールの管理」ウインドウでルールを選択し、「ルールの削除」ボタンをクリックします（**図7**）。

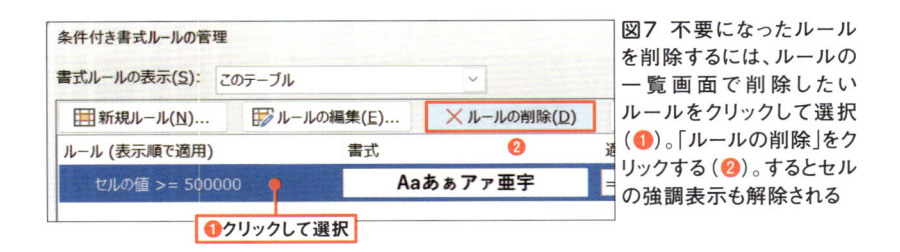

図7 不要になったルールを削除するには、ルールの一覧画面で削除したいルールをクリックして選択（❶）。「ルールの削除」をクリックする（❷）。するとセルの強調表示も解除される

ルールが適用される優先順位に注意

　条件付き書式は、同じ列に複数のルールを適用することもできます。例えば、「売上金額」列に対して、「50万以上なら太字」「上位10%なら斜体」「平均より上なら文字の色を赤に」というルールを同時に設定することもできます（**図8**）。

　このような場合に注意しなければならないのは、ルールを適用する順番と書式

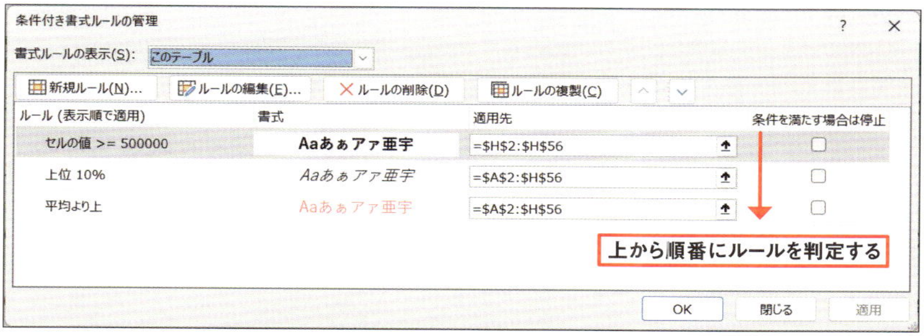

図8 「売上金額」列に複数の条件付き書式が適用されている例。この場合、条件の判定は上から順番に行われ、先に適用された書式は後のルールによって上書きされない傾向がある

の優先度です。「条件付き書式ルールの管理」ウインドウに表示されるルールは、一覧の上から順番に判定されていきます。

図8の例では、最初に「50万以上なら太字」というルールが判定され、該当するセルは太字になります。次に「上位10%なら斜体」という判定が行われますが、1つめの「50万以上なら太字」に該当したセルは、上位10%に該当しても斜体にはなりません。というのも、太字と斜体は両立できないため、先に適用された太字が優先されるためです。一方、最後に判定される「平均より上なら文字の色を赤に」というルールについては、条件を満たすセルがすべて赤文字になります。文字の色は太字や斜体と両立できるためです。

このように、条件付き書式にはルールの適用順序があり、両立できない書式については、先に該当したルールの書式が優先されます。設定画面の右端に「条件を満たす場合は停止」というオプションがあり、これをチェックした場合のみ上位のルールが優先されると考えがちですが、書式によってはこのオプションと無関係に、先に適用された書式のみが反映されるので厄介です。なお、「条件を満たす場合は停止」にチェックした場合は、書式が両立するしないにかかわらず、以降のルールがすべて無効になります。

このような複雑化を避けるためには、なるべく1つの列に1つの条件付き書式を適用することをお勧めします。これにより、ルールの競合を避け、よりシンプルで管理しやすい条件付き書式の設定になります。

「条件付き書式」の種類
について知っておこう

Copilot を活用すれば、「条件付き書式」を簡単に設定できます。しかし、具体的にどんな指示を出せばよいのかわからない方もいるかもしれません。

そこで、条件付き書式にはどんな設定項目があるかを知っておく必要があります。設定項目を把握していれば、Copilotに適切な指示を出せるようになるうえ、Copilotが設定した条件付き書式を手動で編集することも容易になります。

条件付き書式の種類は、「ホーム」タブの「条件付き書式」メニューに表示されているように、大きく3つのグループに分類されます（**図1**）。それぞれを詳しく見ていきましょう。

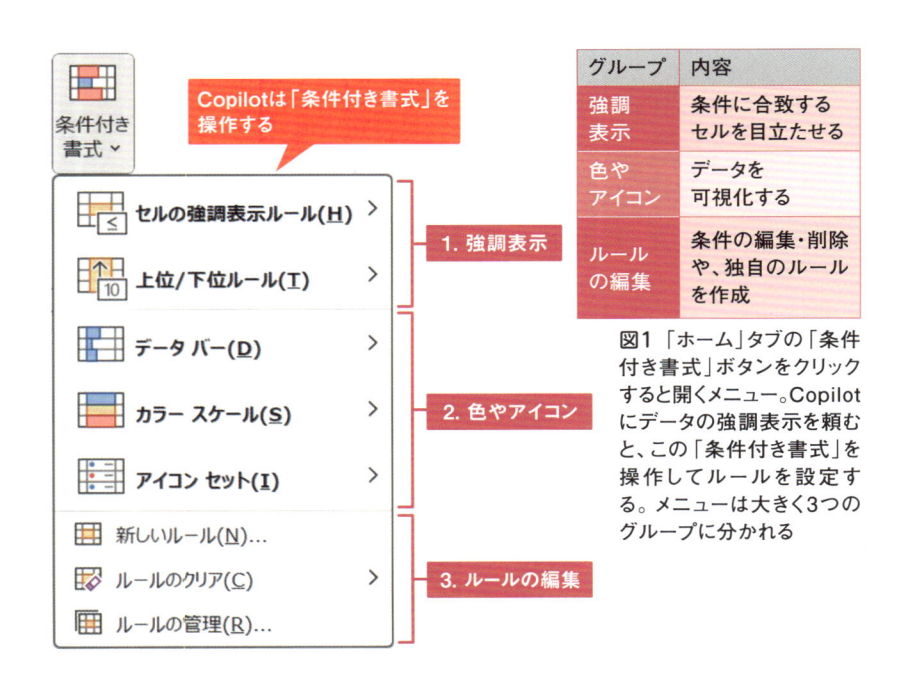

グループ	内容
強調表示	条件に合致するセルを目立たせる
色やアイコン	データを可視化する
ルールの編集	条件の編集・削除や、独自のルールを作成

図1 「ホーム」タブの「条件付き書式」ボタンをクリックすると開くメニュー。Copilotにデータの強調表示を頼むと、この「条件付き書式」を操作してルールを設定する。メニューは大きく3つのグループに分かれる

1. 強調表示

　特定の条件に合致するセルを目立たせるための設定です。例えば、平均より高い値や、特定の日付範囲内の値を強調表示することなどができます。

　図2に示したのは、「セルの強調表示ルール」「上位／下位ルール」でそれぞれ選択できるルールです。「セルの強調表示ルール」では、例えば「指定の値より大きい」という項目を選択すると、指定した値より大きいセルに書式を設定できます。ほかにも、以下のような項目があります。

● **指定の範囲内** …… 指定した範囲内の値を持つセルに書式を設定する
● **指定の値に等しい** …… 指定した値と等しいセルに書式を設定する
● **文字列** …… 特定の文字列を含む、または含まないセルに書式を設定する
● **日付** …… 指定した日付の範囲内、または前／後のセルに書式を設定する
● **重複する値** …… 同じ値を持つセルに書式を設定する

　「上位／下位ルール」に含まれるルールは、データの順位に基づいて書式を設定したい場合に便利です。例えば、「上位 10 項目」を選択すると、上位 10 位ま

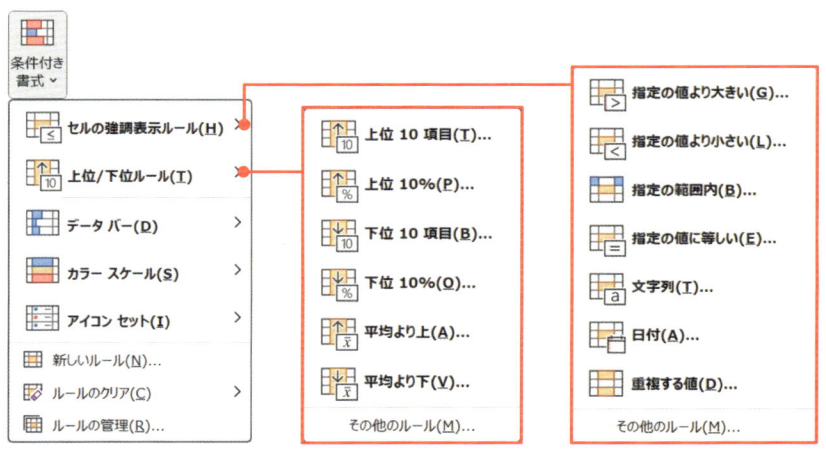

図2 強調表示グループで選択できるさまざまなルール

第4章 Copilotでデータを強調する

117

でのセルに書式を設定できます。これは、テストの成績で上位10名のセルを強調表示したい場合などに役立ちます。

さらに、パーセンテージで指定したい場合は、「上位10%」を選択することで、上位10%に入るセルに書式を設定できます。これは、顧客リストで購買金額が上位10%の顧客を強調表示したい場合などに便利です。

2. 色やアイコン

色やアイコンのグループでは、「データバー」「カラースケール」「アイコンセット」という3つの機能を使用して、データを視覚的に表現できます（**図3**）。これらの機能を使用することで、データの傾向や比較を容易に行うことができます。1つずつ見ていきましょう。

●データバー

データバーは、セル内に横棒グラフを表示します。棒の長さは、そのセルの値の大きさを表します。例えば、図3のC列では入力されている「広告費合計」の大

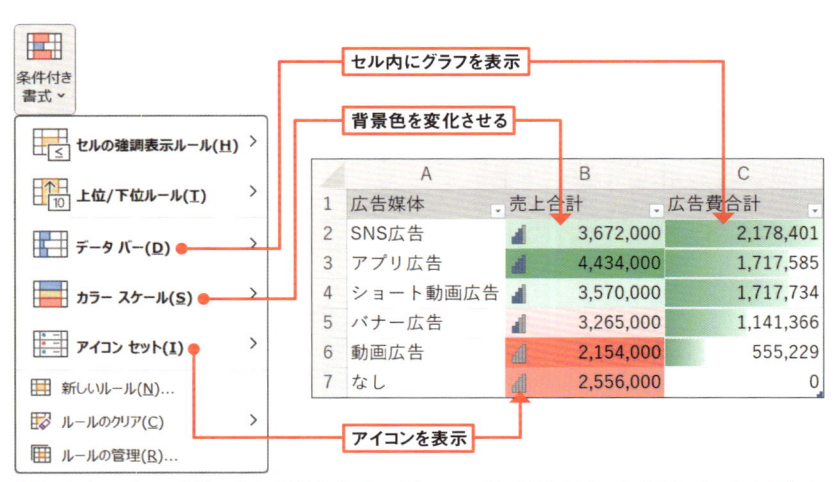

図3 色やアイコンを使った条件付き書式の例。セル内に横棒グラフのようなバーを表示したり、セルの背景色で値の大小を表現したり、アイコンを表示させたりできる

きさに応じてデータバーの長さが変化しています。これにより、各項目の広告費の相対的な大小をひと目で把握することができます。

●カラースケール

カラースケールは、セルの値に応じて背景色を変化させます。通常、低い値から高い値にかけて色のグラデーションが適用されます。図3のB列では、売上合計の金額に応じて赤から緑へのグラデーションが適用されています。これにより、金額の大小を色で直感的に理解することができます。

●アイコンセット

アイコンセットは、データの値に応じて異なるアイコンを表示します。図3のB列では、売上合計の金額に応じて異なる棒グラフのアイコンが表示されています。これにより、データの状態や傾向を簡単なシンボルで表現することができます。上向き矢印と下向き矢印、青信号・黄信号・赤信号といったアイコンの組み合わせも利用可能です。

3. ルールの編集

このグループは、より複雑な条件や独自の書式設定ルールを作成、管理するためのメニューです。前節では、「ルールの管理」から「条件付き書式ルールの管理」ウインドウを開いて、Copilotが設定したルールを確認、編集、削除する方法を解説しました。

ルールの設定方法に慣れてきたら、「新しいルール」から自分なりの「条件付き書式」を設定し、データの視覚化に挑戦してみるとよいでしょう。

第4章
Copilotでデータを強調する

Copilotを用いて
色やアイコンで可視化する

　前節で確認したように、Excelの「条件付き書式」には、「データバー」「カラースケール」「アイコンセット」といったデータの可視化に便利な機能が豊富に揃っています。そしてCopilotを使えば、これらの色やアイコンを用いてデータをわかりやすく提示する作業が容易になります。

　Copilotにデータの可視化を依頼するには「○○に△△を適用」という形のプロンプトを与えます。○○の部分には列名（例えば「売上合計」など）、△△の部分には可視化の種類（例えば「データバー」など）を指定します。

プロンプトテンプレート

○○に△△を適用

例	「広告費にデータバーを適用」
	「売上金額にカラースケールを適用」
	「クリック数に星のアイコンセットを適用」

　では、実際にCopilotを使ってデータを可視化してみましょう。**図1**のような、商品ごとの広告費や売上金額をまとめたデータを使います。

　このデータに対し、「広告費にデータバーを適用。売上金額にカラースケールを適用」というプロンプトを送信してみましょう。すると、**図2**のような回答が表示されました。

　指定したセル範囲にどのような書式が適用されるのか、具体的にわかりやすいようにプレビューが表示されています。これを確認して問題なければ、左下の「適用」ボタンをクリックします。すると、指定した列にそれぞれデータバーとカラー

	A	B	C	D	E	F	G	H
1	開始日	終了日	商品ID	商品名	クリック数	商品購入数	広告費	売上金額
2	2024/3/31	2024/4/5	JEANS001	スリムフィットデニム	1,000	50	120,000	500,000
3	2024/3/31	2024/4/14	TSHIRT01	半袖プリントTシャツ	1,500	75	90,000	375,000
4	2024/4/7	2024/4/18	DRESS001	フローラルワンピース	2,000	60	150,000	600,000
5	2024/4/7	2024/4/21	TSHIRT02	無地ベーシックTシャツ	800	30	60,000	180,000
6	2024/4/14	2024/4/23	JEANS002	ワイドレッグデニム	1,200	70	140,000	700,000

図1 今回使用するデータの例。商品ごとの「広告費」や「売上金額」がまとめられている

スケールが適用されます（**図3**）。

　このように、Copilotを使えば簡単な指示でデータを可視化できます。視覚的にわかりやすくなることで、データの分析がよりスムーズになります。

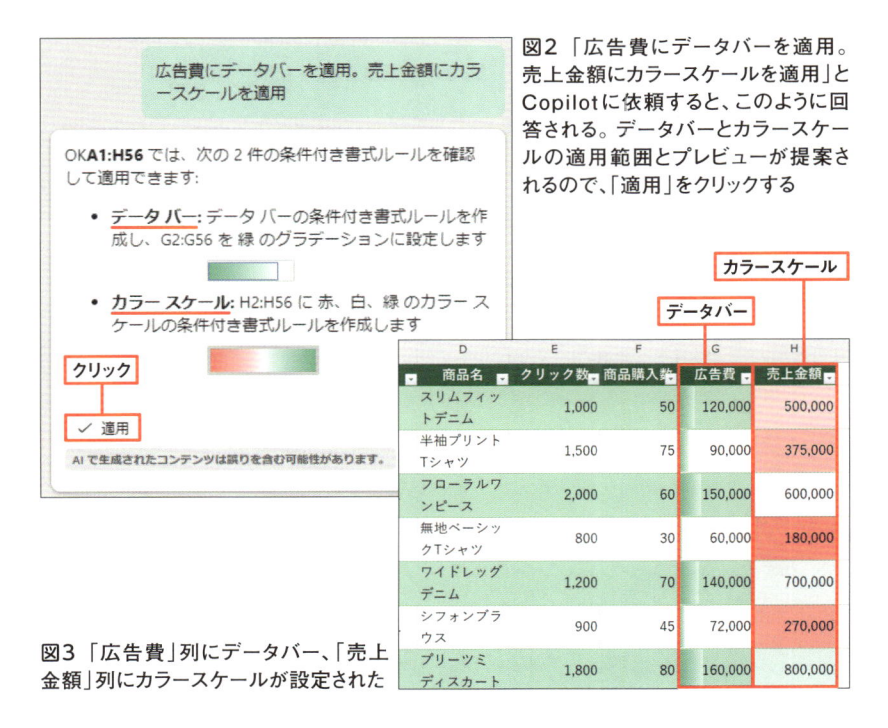

図2 「広告費にデータバーを適用。売上金額にカラースケールを適用」とCopilotに依頼すると、このように回答される。データバーとカラースケールの適用範囲とプレビューが提案されるので、「適用」をクリックする

図3 「広告費」列にデータバー、「売上金額」列にカラースケールが設定された

Copilotで
並べ替えとフィルター

この章で学ぶこと

- ●Copilotを使ってデータを並べ替える方法
- ●数値や文字列、日付を使ってデータを絞り込む
- ●Copilotによる並べ替えやフィルターの条件を確認・調整する

佐藤君

Excelのシートに大量の売上データが並んでいるんだけど、ここから売上金額が大きい商品とか見つけ出すことはできるかなあ。

コパイロ君

それなら、まずは「並べ替え」が基本だね。売上金額が大きい順に並べ替えるだけでも、よく売れている商品がわかるよね。

確かにそうだね。でも、データが大量にあるし、商品ジャンルもごちゃまぜなので、単純に並べ替えるだけでは、なかなかうまく結果が出てこないんだよ…。

それじゃあ、「フィルター」も使ってみたら? 例えば「デニム」という言葉を含むデータだけを抽出して一覧表示できるよ。そのうえで売上金額の大きい順に並べ替えをすれば、デニムの売れ筋が見えてくるよ!

フィルターかぁ。ちょっと難しそうだね。データベースは苦手なんだよね。それもCopilotに操作をお願いできるの?

もちろんだよ! この章ではCopilotを使ってデータを並べ替えたり、抽出したりする方法を解説するよ。大量のデータの中にはビジネスのヒントがたくさん埋まっている。Copilotの助けを借りつつ、それを掘り起こしていこう!

Copilotを使った
データの並べ替え

大量のデータを扱う際、特定の条件でデータを並べ替えたり抽出したりする作業は欠かせません。Excelには「並べ替え」機能はもちろん、特定の条件に合うデータを抽出する「フィルター」という便利な機能があります。これらをCopilotを通じて活用することで、さらに効率的にデータを整理できるようになります。

Copilotは、「○○の降順に並べ替えて」や「○○のデータを抽出して」などと自然な文章で指示を出すだけで、データを希望通りに並べ替えたり絞り込んだりしてくれます。

さらに、「○○列を1番目のキー、△△列を2番目のキーにして並べ替えて」や「○○と△△の両方の条件に合うデータを抽出して」などと、複数の条件を指定することも可能です。本章では、Copilotを用いた並べ替えとフィルターのテクニックを詳しく解説します。

データの並べ替え

まずは、データの並べ替えの方法から見ていきましょう。ExcelのCopilotを使えば、「○○の昇順／降順で並べ替えて」のように依頼するだけで、Copilotがデータを自動で並べ替えてくれます。昇順は小さい順、降順は大きい順に並べ替えることを意味します。

●単一条件での並べ替え

初めに、1つの列を基準とした並べ替えを見ていきましょう。Copilotに操作を依頼するときには、次のようなプロンプトを与えるとよいでしょう。

　例えば、「売上金額」列の数値が小さい順になるように表を並べ替えたいとき
は、「売上金額の昇順で並べ替えて」とCopilotに指示します。すると、並べ替え
の操作内容を確認するメッセージが表示されます（**図1**）。内容に問題がなけれ
ば左下の「適用」をクリックすることで、並べ替えが実行されます。並べ替えられ
た列の先頭行にある「▼」ボタンには、昇順で並べ替えられていることが上向き
矢印（↑）で示されます（次ページ**図2**）。

　この「▼」ボタンをクリックすると、メニューから昇順と降順をいつでも切り替え
ることができます（**図3**）。ただし、並べ替えを解除して元の順番に戻すことはでき
ません。元の順番に戻したい場合は、「元に戻す」ボタンをクリックするか、「Ctrl」
＋「Z」のショートカットキーを押すなどしてください。IDのような通し番号があれば、
それをキーにして並べ替えることでも対応できます。通し番号があると元の順番

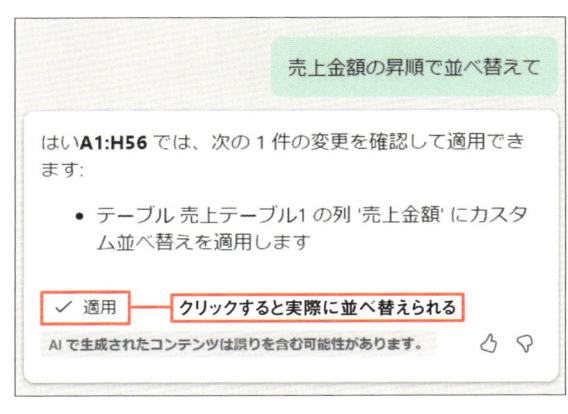

図1 「売上金額の昇順で並べ替えて」とCopilotに依頼すると、このように回答される。実行する操作の内容を確認し、問題なければ「適用」ボタンを押す

125

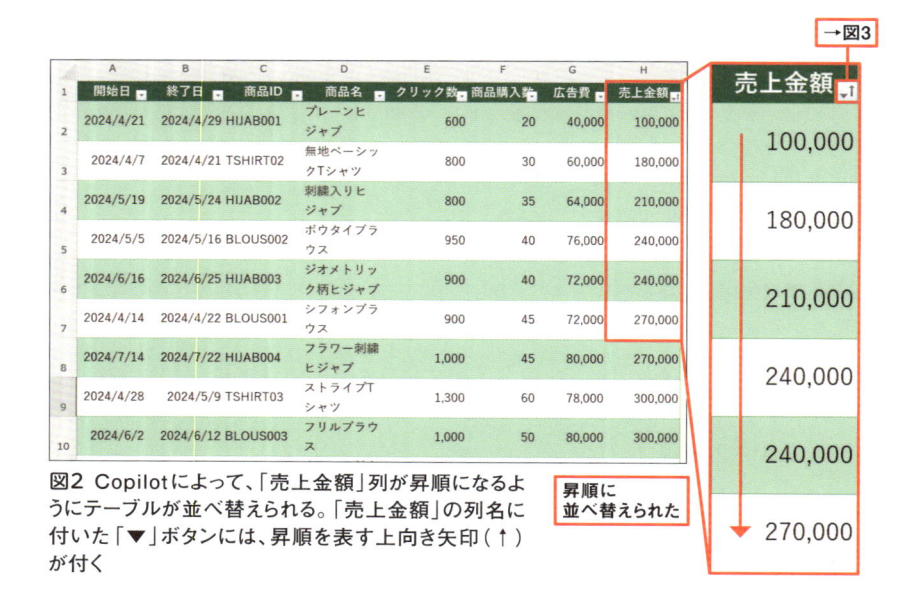

図2 Copilotによって、「売上金額」列が昇順になるようにテーブルが並べ替えられる。「売上金額」の列名に付いた「▼」ボタンには、昇順を表す上向き矢印（↑）が付く

昇順に並べ替えられた

→図3

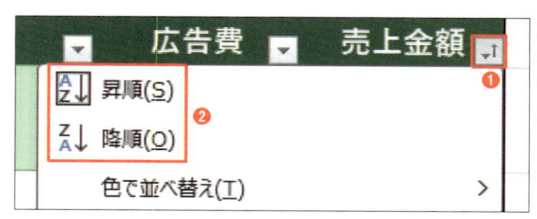

図3 「売上金額」にある「▼」ボタンをクリックすると（❶）、メニューから「昇順」と「降順」を選択して並べ替え順を変更できる（❷）

に戻すのが簡単になるので、テーブルには通し番号の列を用意しておくことをお勧めします。

●複数条件での並べ替え

　まず「広告費」列を基準にして昇順で並べ替え、広告費が同じものは「売上金額」列の降順で並べ替えたい——そんなケースもあるでしょう。Copilotは、複数の条件を指定して並べ替えることも可能です。それには「○○の昇順、△△の降順で並べ替えて」のようなプロンプトを与えます。○○や△△の部分には、列名を指定します。

○○の昇順／降順、△△の昇順／降順で並べ替えて

例	「広告費の昇順、売上金額の降順で並べ替えて」
	「日付の降順、商品名の昇順で並べ替えて」
	「部署の昇順、社員番号の昇順で並べ替えて」

Copilotに「広告費の昇順、売上金額の降順で並べ替えて」と依頼すると、Copilotから並べ替える内容が提案されます（**図4**）。問題がなければ左下の「適用」をクリックすることで、実際に並べ替えが実行されます（**図5**）。

図4 「広告費の昇順、売上金額の降順で並べ替えて」とCopilotに依頼すると、2つの列を対象に、カスタムの並べ替えを実行すると回答する。「適用」ボタンを押すと実際に並べ替えられる

広告費の昇順、売上金額の降順で並べ替えて

OK**A1:H56** では、次の 2 件の変更を確認して適用できます：

- テーブル 売上テーブル1 のインデックス 6 の列にカスタム並べ替えを適用します
- テーブル 売上テーブル1 のインデックス 7 の列にカスタム並べ替えを適用します

クリック → ✓ 適用

AI で生成されたコンテンツは誤りを含む可能性があります。

図5 実行結果。広告費の昇順に並んでいて、かつ広告費が同じものについては、売上金額の降順で並んでいる

終了日	商品ID	商品名	クリック数	商品購入数	広告費	売上金額
2024/4/29	HIJAB001	プレーンヒジャブ	600	20	40,000	100,000
2024/4/21	TSHIRT02	無地ベーシックTシャツ	800	30	60,000	180,000
2024/5/24	HIJAB002	刺繍入りヒジャブ	800	35	64,000	210,000
2024/4/22	BLOUS001	シフォンブラウス		45	72,000	270,000
2024/6/25	HIJAB003	ジオメトリック柄ヒジャブ	900	40	72,000	240,000
2024/5/16	BLOUS002	ボウタイブラウス	950	40	76,000	240,000

広告費の昇順に並べ替え

広告費が同じ場合は、売上金額の降順に並べ替え

Copilotが作成した並べ替え条件の確認方法

Copilotは、データの並べ替えを指示すると、自動的に複数の条件を設定してくれることがあります。ここで、Copilotが設定した複数条件の並べ替え設定を確認し、変更する方法を解説しておきます。

複数条件で並べ替えられた場合、特別な並べ替え条件が設定されます。これを確認するには、テーブル内の任意のセルを選択した状態で「データ」タブの「並べ替え」ボタンをクリックします。すると「並べ替え」ダイアログボックスが表示され、並べ替え条件がどのように設定されているかを確認できます（**図6**）。

この画面では、「最優先されるキー」（1番目に並べ替えの基準となる列）と、「次に優先されるキー」（1番目のキーが同じだった場合に並べ替えの基準となる列）が設定されています。

「最優先されるキー」や「次に優先されるキー」として表示されている「広告費」などの列名をクリックすると、ドロップダウンリストからほかの列名を選択し、キーを変更できます。必要に応じて設定を変更し、データを思い通りに並べ替えて活用しましょう。

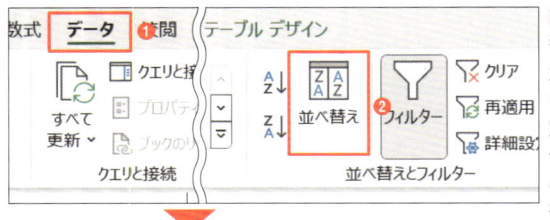

図6「データ」タブにある「並べ替え」ボタンを押すと（❶❷）、並べ替えの条件設定画面が開く。Copilotが複数の条件を指定して並べ替えを実行した場合、ここで「最優先されるキー」と「次に優先されるキー」という複数の条件を確認できる（❸）

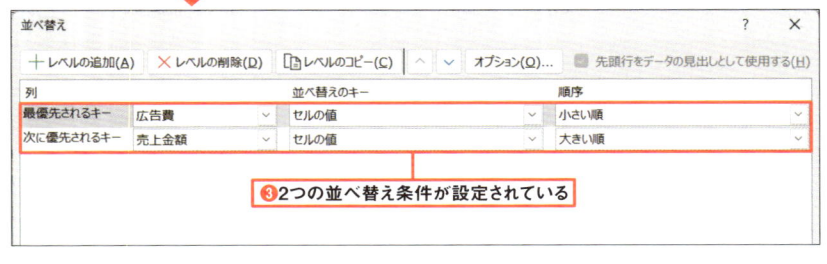

Copilotを使った
データの抽出（フィルター）

　膨大なデータの中から、必要な情報だけを抽出したいときに便利なのが「フィルター」機能です。Copilotに「○○が△△のデータを抽出」と指示するだけで、データを絞り込むことができます。○○の部分には条件を指定したい列名、△△の部分には抽出の条件を入れてください。数値、文字列、日付、トップ10、平均より上／下など、さまざまな条件を指定して抽出できます。

プロンプトテンプレート

○○が△△のデータを抽出

例
「売上金額が500,000以上のデータを抽出」

「商品名が"スマート"を含むデータを抽出」

「販売日が2024/1/1から2024/2/29までのデータを抽出」

数値を条件にして抽出する

　例えば、売上金額が50万円以上のデータだけを抽出したい場合は、Copilotに「売上金額が500,000以上のデータを抽出」と指示します（次ページ**図1**）。すると、Copilotはフィルターの実行内容を確認するメッセージを返します。問題がなければ、左下の「適用」ボタンをクリックします。これで、データの抽出が行われます（**図2**）。

　このフィルター機能は、条件を満たさないデータを行単位で折り畳み、非表示にする仕組みで実現されています。シートの左端にある行番号を見ると、番号が飛んでいることがわかります。非表示の行があるためです。フィルターが適用さ

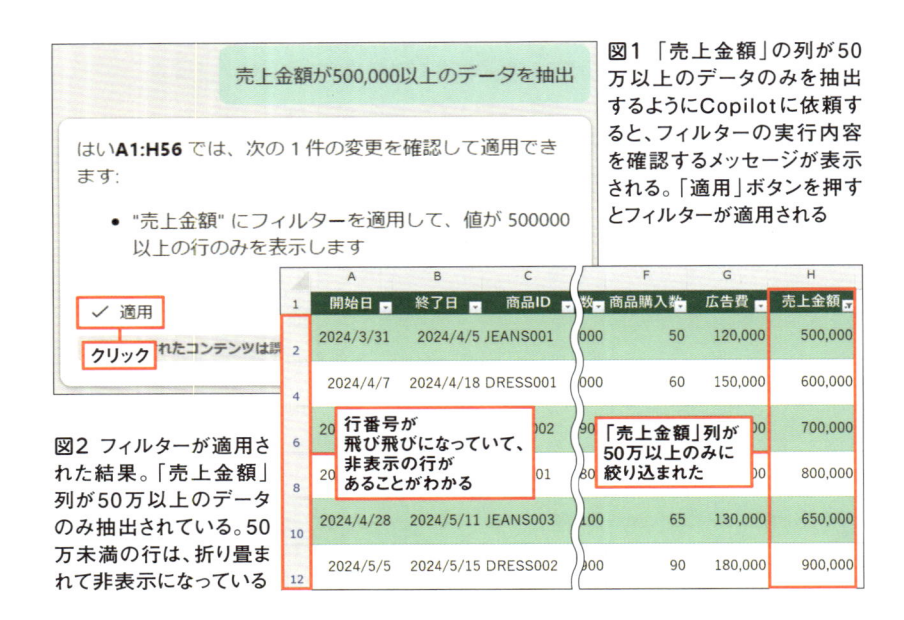

図1 「売上金額」の列が50万以上のデータのみを抽出するようにCopilotに依頼すると、フィルターの実行内容を確認するメッセージが表示される。「適用」ボタンを押すとフィルターが適用される

図2 フィルターが適用された結果。「売上金額」列が50万以上のデータのみ抽出されている。50万未満の行は、折り畳まれて非表示になっている

れている間は、行番号が青色になります。

フィルターが適用された列の「▼」ボタンには、フィルターのマークが表示されます。この「▼」ボタンをクリックすると、現在適用されているフィルターの内容を確認・変更できます（**図3**）。

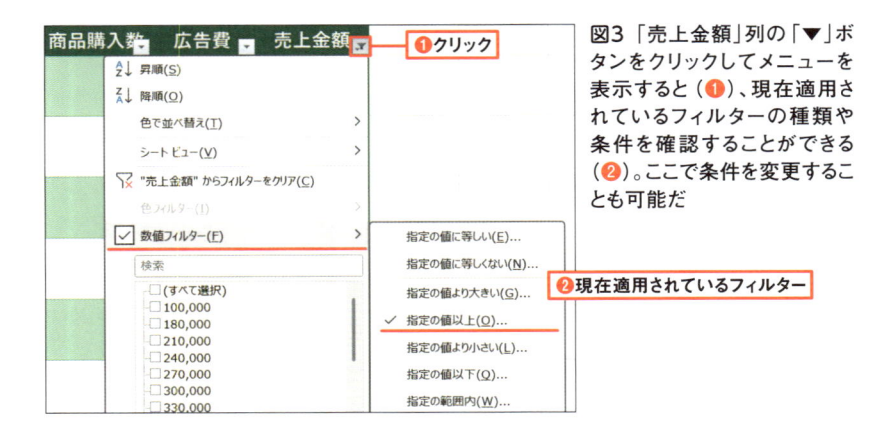

図3 「売上金額」列の「▼」ボタンをクリックしてメニューを表示すると（❶）、現在適用されているフィルターの種類や条件を確認することができる（❷）。ここで条件を変更することも可能だ

文字列を条件にして抽出する

　次に、商品名が「デニム」という文字列を含むデータだけを抽出してみましょう。Copilotに「商品名が"デニム"を含むデータを抽出」と指示します。すると、フィルターの実行内容を確認するメッセージが回答として表示され、「適用」ボタンを押すことで、フィルターを実行することができます（**図4**）。

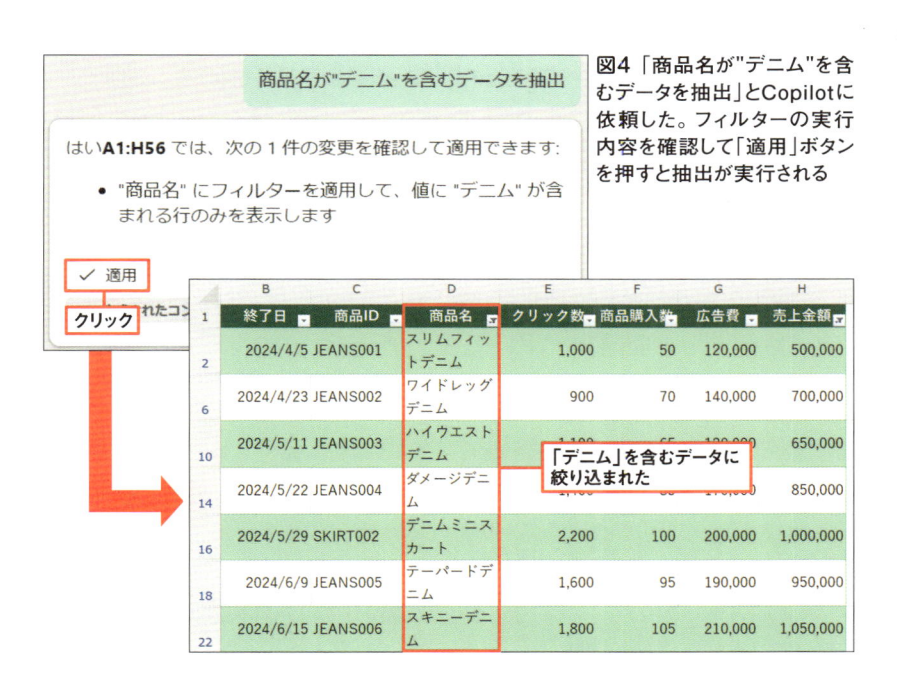

図4「商品名が"デニム"を含むデータを抽出」とCopilotに依頼した。フィルターの実行内容を確認して「適用」ボタンを押すと抽出が実行される

📝 **memo**

　複数の条件で絞り込む場合、フィルターは各列に個別に適用されることに注意が必要です。例えば、図4で抽出したデータにさらに別のフィルターをかけると、図4の抽出条件は残ったまま、新たなフィルター条件が追加で適用されます。前のフィルター条件を解除したい場合は、該当する列の「▼」ボタンをクリックして「"（列名）"からフィルターをクリア」を選択しましょう。

日付を条件とした抽出

　特定の期間のデータだけを抽出したい場合は、日付を条件に指定します。例えば、2024年4月1日から2024年6月30日までのデータを抽出したい場合は、Copilotに「開始日が2024/4/1から2024/6/30までのデータを抽出」と指示を出します（**図5**）。回答に表示される内容に問題がなければ、左下の「適用」ボタンをクリックします。すると、データの抽出が行われます。

　ただし、2024年8月現在、Copilotは日付の入力を「月/日/年」という英語圏の形式で認識してしまうケースがあります。そのため、日付による抽出が正しく行われないことがあります。その場合は、「年/月/日」の形式に手動で修正する必要があります。

　それには、「開始日」列にある「▼」ボタンをクリックし、「日付フィルター」→「指定の範囲内」を選択します（**図6**）。すると、「カスタムオートフィルター」ダイアログ

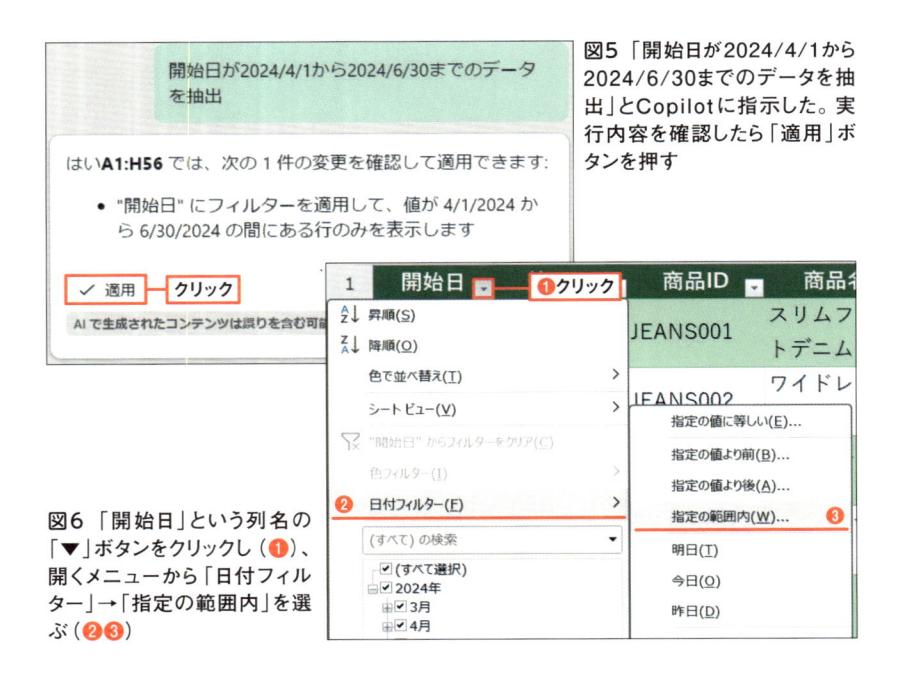

図5　「開始日が2024/4/1から2024/6/30までのデータを抽出」とCopilotに指示した。実行内容を確認したら「適用」ボタンを押す

図6　「開始日」という列名の「▼」ボタンをクリックし（❶）、開くメニューから「日付フィルター」→「指定の範囲内」を選ぶ（❷❸）

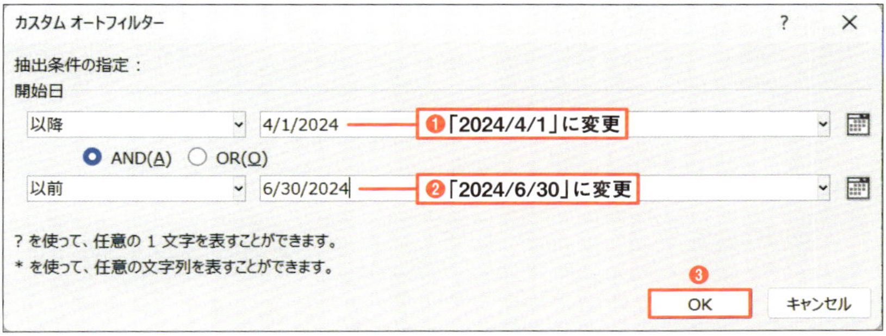

図7 「カスタムオートフィルター」ダイアログボックスが開く。Copilotが設定した日付は英語圏の形式（月／日／年）で入力されてしまっているので、それぞれ日本式（年／月／日）に修正し（❶❷）、「OK」を押す（❸）

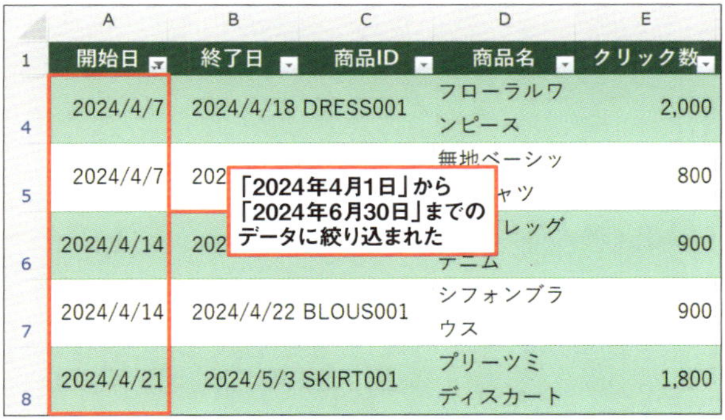

図8 フィルターが正しく実行され、「開始日」列が指定した期間内のデータだけに絞り込まれた

ボックスが表示されるので、ここで日付の形式を日本式（年／月／日）に修正します（**図7**）。修正後、「OK」ボタンをクリックすると、指定した期間（2024年4月1日から2024年6月30日まで）のデータが正しく抽出されます（**図8**）。

Copilotが設定したフィルター条件の確認と変更

Copilotはフィルター操作も自動で行ってくれますが、実際にどのような条件でフィルターが適用されているかを確認したり、手動で修正したい場合もあるでしょう。ここで、Copilotが設定したフィルター条件を確認し、必要に応じて変更する

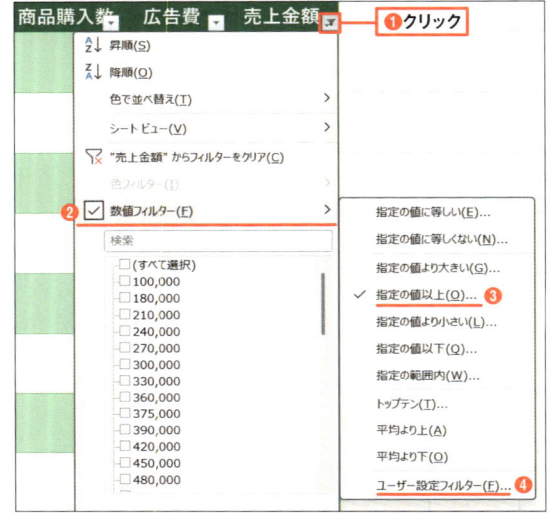

図9 「▼」ボタンをクリックしてメニューを開くと（①）、「数値フィルター」「テキストフィルター」「日付フィルター」のいずれかが表示される（②）。そのサブメニューを開くと、現在適用されているフィルターにチェックマークが付いている（③）。条件を変更するには「ユーザー設定フィルター」を選ぶ（④）

方法について解説しておきます。

　フィルターが適用された列の「▼」ボタンにはフィルターのマークが表示されます。これをクリックするとメニューが表示され、「数値フィルター」「テキストフィルター」「日付フィルター」のいずれかが表示されます。これは、フィルター対象の列の値がどんな種類のデータかによって変わります（**図9**）。

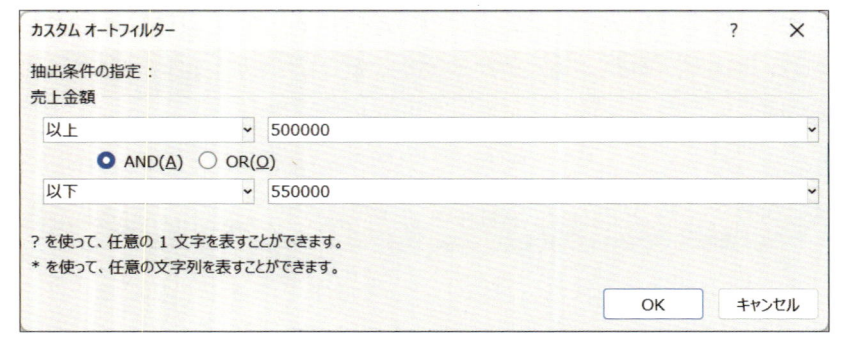

図10 「カスタムオートフィルター」ダイアログボックスで抽出条件を確認・変更できる

　「数値フィルター」などを選んでサブメニューを開くと、現在適用されているフィルターにチェックマークが付いています。抽出の条件を変更するには、サブメニューで「ユーザー設定フィルター」を選び、「カスタムオートフィルター」ダイアログボックスを開きます（**図10**）。すると、自分なりに抽出条件を設定可能です。図10の例では、「売上金額」が「500000以上」かつ「550000以下」という条件でフィルターを適用します。

　必要に応じて内容を変更したら、「OK」ボタンをクリックして条件を確定します。もし、変更をキャンセルしたい場合は「キャンセル」ボタンをクリックすれば、フィルター条件は変更されません。

📝 memo

　一般に、数値や日付の範囲を指定する場合は「AND（かつ）」条件を利用して「〇〇以上、かつ、△△以下」や「〇〇日以降、かつ、△△日以前」のように指定します。ある範囲や期間を除いて、それより小さい数値（前の日付）と大きい数値（後の日付）を指定する場合は「OR（または）」条件が使われます。図10の例では、「AND」を「OR」に変更して、「以上」と「以下」を入れ替えることで、「500000以下または550000以上」といった条件にすることもできます。フィルター条件は、必要に応じて変更できます。

　Copilotは強力な機能ですが、必ずしも完璧ではありません。フィルター操作をCopilotに指示した後、図10の「カスタムオートフィルター」ダイアログボックスでフィルター条件を確認し、必要に応じて修正することで、より正確で効果的なデータ分析を行うことができます。

第6章

Copilotでデータ分析
（集計・グラフ化）

この章で学ぶこと

- Copilotを使ったデータ集計の方法
- Copilotを使ったグラフ作成のコツ
- ピボットテーブルとピボットグラフの活用法
- データの外れ値を見つける方法

佐藤君

Excelでデータを集計したりグラフを作成したりするのって、結構時間かかるよね。ミスも多くて、イライラしちゃうんだ。

コパイロ君

そんなときは、Copliotを活用しよう!「売上金額の合計を集計して」や「月ごとの売上推移をグラフ化して」のように、自然な言葉で指示するだけで、あっという間に集計とグラフ化ができちゃうんだ。

本当に? それはいいね! でも、集計結果やグラフって、Excelに反映させるのもひと苦労じゃない?

大丈夫! Excel専用Copilotが生成した集計表やグラフは、すぐにExcelシートに追加できるんだ。ピボットテーブルも自動で作成するから、自分でカスタマイズできてさらに便利だよ。

それはすごい! Copilotを使えば、データ分析が楽になりそうだし、今まで以上にデータを活用できそうだな。

そうだね! この章を読めば、Copilotのデータ集計・グラフ化機能の使い方がバッチリ身に付くよ。一緒にExcelの作業効率を上げていこう!

第6章
Copilotでデータ分析（集計・グラフ化）

1つの列に対する
シンプルな集計

Excelでデータを集計したりグラフ化したりする際に、やり方がよくわからないという人は少なくありません。一方、Copilotを活用すれば、そうした作業を簡単に自動化できます。例えば、「売上金額の合計を集計して」などと自然な言葉で依頼するだけで、Copilotが適切な集計結果を提示してくれます。本章では、こうしたCopilotのデータ集計・グラフ化の機能を解説します。

Copilotのデータ集計・グラフ化の機能は、ユーザーが「○○を集計して」「○○をグラフ化して」などと依頼すると、目的の集計結果やグラフを提示してくれるというものです。以下に、この機能の主な特徴をまとめます。

1. 集計やグラフ化

「売上金額の合計を集計して」「商品名ごとの売上金額をグラフ化して」といった自然な言葉で指示することで、さまざまな集計やグラフ化が行えます。

2. 結果をシートに反映

Copilotが行った集計の結果やグラフを、シートに即座に反映できます。

3. ピボットテーブルの作成

集計はExcelの「ピボットテーブル」機能を用いて行われます。ユーザーは、ピボットテーブルを自分で操作することで、自由にカスタマイズできます。

特定の列の合計／平均／個数を集計する

まずは、1つの列に対するシンプルな集計をCopilotを通じて行う方法を紹介し

ます。この方法は、「○○の△△を集計して」「○○の△△を計算して」といった指示をCopilotに与えることで、目的の集計結果を得るというものです。○○の部分には対象にしたい列名、△△の部分には合計、平均、個数といった集計の種類を当てはめてください。

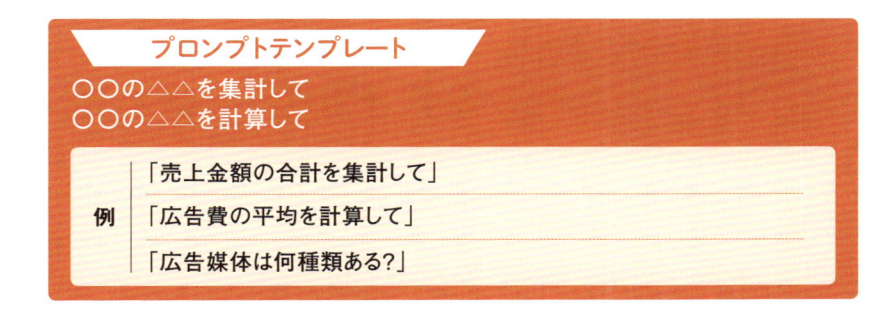

プロンプトテンプレート

○○の△△を集計して
○○の△△を計算して

例
「売上金額の合計を集計して」

「広告費の平均を計算して」

「広告媒体は何種類ある?」

具体的な例を見ていきましょう。ここでは**図1**のような売上データをサンプルにして解説します。Copilotに対して「売上金額の合計を集計して」と依頼すると、売上金額の合計値が求められ、次ページ**図2**のように表示されます。

	A	B	C	D	E	F	G
1	開始日	終了日	商品ID	クリック数	商品購入数	広告費	売上金額
2	2024/3/31	2024/4/5	JEANS001	1,000	50	120,000	500,000
3	2024/3/31	2024/4/14	TSHIRT01	1,500	75	90,000	375,000
4	2024/4/7	2024/4/18	DRESS001	2,000	60	150,000	600,000
5	2024/4/7	2024/4/21	TSHIRT02	800	30	60,000	180,000
6	2024/4/14	2024/4/23	JEANS002	1,200	70	140,000	700,000
7	2024/4/14	2024/4/22	BLOUS001	900	45	72,000	270,000
8	2024/4/21	2024/5/3	SKIRT001	1,800	80	160,000	800,000
9	2024/4/21	2024/4/29	HIJAB001	600	20	40,000	100,000
10	2024/4/28	2024/5/11	JEANS003	1,100	65	130,000	650,000
11	2024/4/28	2024/5/9	TSHIRT03	1,300	60	78,000	300,000
12	2024/5/5	2024/5/15	DRESS002	1,900	90	180,000	900,000
13	2024/5/5	2024/5/16	BLOUS002	950	40	76,000	240,000

図1 ここで利用する売上データの例。案件ごとに「広告費」や「売上金額」が入力されたテーブルになっている

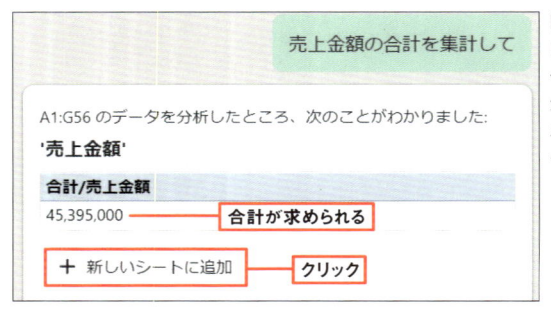

図2 「売上金額の合計を集計して」と指示すると、Copilotは合計値を求めてプレビュー表示する。「新しいシートに追加」ボタンが表示されるので、クリックする

　「新しいシートに追加」ボタンをクリックすると、Copilotによる集計結果が新規のワークシートに自動で挿入されます（**図3**）。

　Copilotが自動挿入したこの集計結果は、実はExcelの「ピボットテーブル」機能を用いて作られています。ピボットテーブルの詳しい操作方法は後述しますが、Copilotを利用すると、「○○を集計して」といった簡単な言葉で指示を出すだけで、ピボットテーブルを自動作成して必要な集計結果を得られるというわけです。ピボットテーブル機能をよく知らない初心者でも、容易に利用できるのが魅力です。

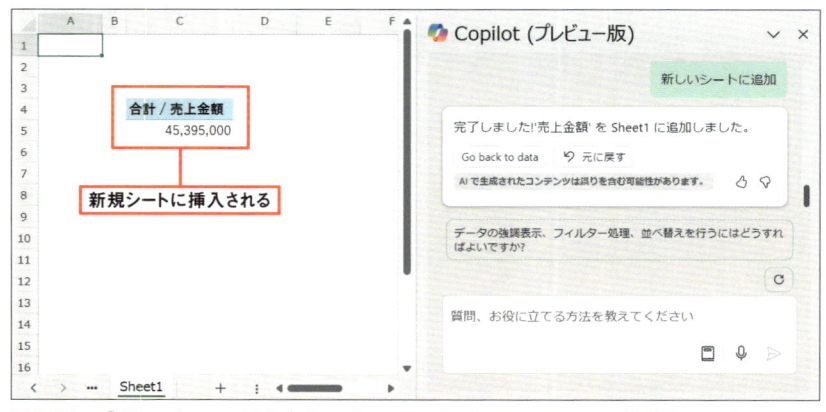

図3 図2で「新しいシートに追加」ボタンをクリックすると、Copilotによる集計結果が新しいシートに自動で挿入される

Section 02

項目ごとに集計した表も自動作成できる

　続いて、Copilotを活用して項目ごとに集計する方法について説明します。例えば、複数の商品が混在する売上データを基に、商品名ごとの売上金額を集計することができます。また、広告媒体ごとに広告費の平均を集計したり、広告媒体ごとの売上金額と広告費を集計したりできます。

　Copilotには、「○○ごとの△△を集計して表を作成」という形でプロンプトを送ります。○○の部分には、どの列を参照してデータを分類するのか（「商品名」「広告媒体」など）、△△の部分には、どの列の数値を集計するのか（「売上金額」「広告費」など）を指定してください。

プロンプトテンプレート

○○ごとの△△を集計して表を作成

例
「商品名ごとの売上金額を集計して表を作成」

「広告媒体ごとの広告費の平均を集計して表を作成」

「ブランド名ごとの売上金額を商品名ごとに集計して表を作成」

	A	B	C	D	E	F	G	H	I
1	開始日	終了日	商品ID	商品名	商品カテ	ブランド名	クリック数	商品購入数	売上金額
2	2024/3/31	2024/4/5	JEANS001	スリムフィットデニム	ボトムス	デニムワー	1,000	50	500,000
3	2024/3/31	2024/4/14	JEANS001	スリムフィットデニム	ボトムス	デニムワー	1,500	75	750,000
4	2024/4/7	2024/4/18	BLOUS001	シフォンブラウス	トップス	エレガント	2,000	60	480,000
5	2024/4/7	2024/4/21	HIJAB001	プレーンヒジャブ	アクセサ	モダンムス	800	30	90,000
6	2024/4/14	2024/4/23	TSHIRT01	半袖プリントTシャツ	トップス	カジュアル	1,200	70	350,000
7	2024/4/14	2024/4/22	DRESS001	フローラルワンピース	ワンピー	フェミニン	900	45	675,000
8	2024/4/21	2024/5/3	DRESS001	フローラルワンピース	ワンピー	フェミニン	1,800	80	1,200,000
9	2024/4/21	2024/4/29	HIJAB001	プレーンヒジャブ	アクセサ	モダンムス	600	20	60,000
10	2024/4/28	2024/5/11	SKIRT001	プリーツミディスカート	ボトムス	フェミニン	1,100	65	585,000

図1 売上データの例。「商品名」「商品カテゴリ」「ブランド名」「売上金額」などが入力されたテーブルになっている

商品名ごとの売上金額を集計する

　まずは、商品名ごとの売上金額を集計してみましょう。ここでは前ページ**図1**のような売上データを使用します。このデータを対象にして、Copilotに「商品名ごとの売上金額を集計して表を作成」と頼むと、**図2**のような集計結果をプレビュー表示します。「商品名」列に入力された商品名をピックアップし、商品名ごとに「売上金額」列の数値を合計した集計表です。「新しいシートに追加」ボタンをクリックすると、新規シートが作成され、集計結果が挿入されます（**図3**）。

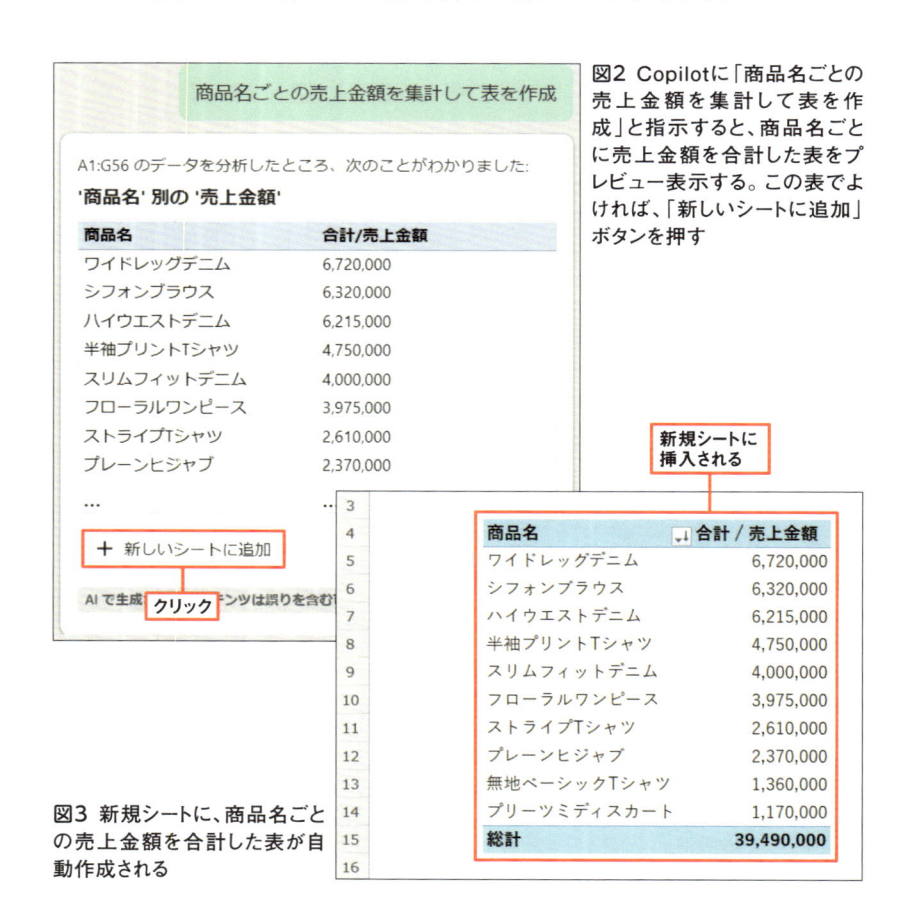

図2 Copilotに「商品名ごとの売上金額を集計して表を作成」と指示すると、商品名ごとに売上金額を合計した表をプレビュー表示する。この表でよければ、「新しいシートに追加」ボタンを押す

図3 新規シートに、商品名ごとの売上金額を合計した表が自動作成される

Copilotが作成したピボットテーブルを操作する

　前述の通り、Copilotが作成した集計表は、Excelの「ピボットテーブル」機能を用いて作成されています。ピボットテーブルは、大量のデータを効率的に集計・分析するための機能です。ここで、ピボットテーブルの構造と操作方法を確認しておきましょう。

●ピボットテーブルの構造

　図4のようなピボットテーブルを例に見ていきます。ピボットテーブル内のセルをクリックして選択すると、右側に「ピボットテーブルのフィールド」ウインドウが表示されます。

　ピボットテーブルでは、元データの先頭行に並ぶ列名（項目名）を「フィールド」と呼びます。「ピボットテーブルのフィールド」ウインドウの上部には、この列名が一覧表示されていて、それらを「フィルター」「行」「列」「値」という4つの領域に配置することで、どの列を集計するのかを指定できます。

　4つの領域とピボットテーブルの関係を詳しく見てみましょう（次ページ**図5**）。今回の例では、集計表の左端（行見出し）に商品名が並んでいます。これは「行」

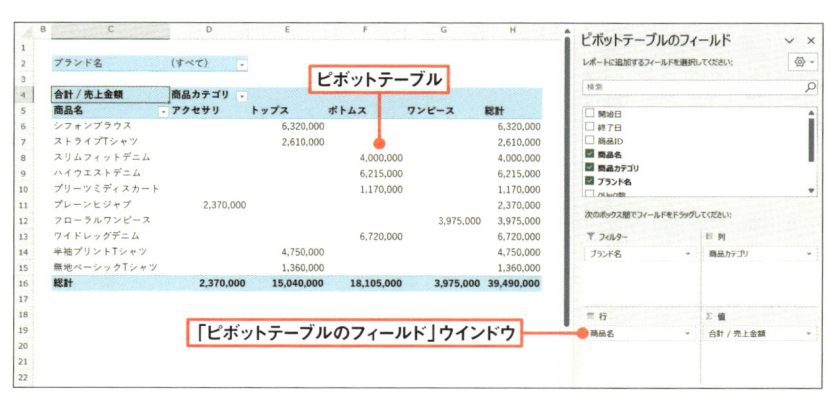

図4 ピボットテーブルの例。ピボットテーブル内のセルを選択すると、右側に「ピボットテーブルのフィールド」ウインドウが開く。ここでピボットテーブルの集計項目などを設定できる

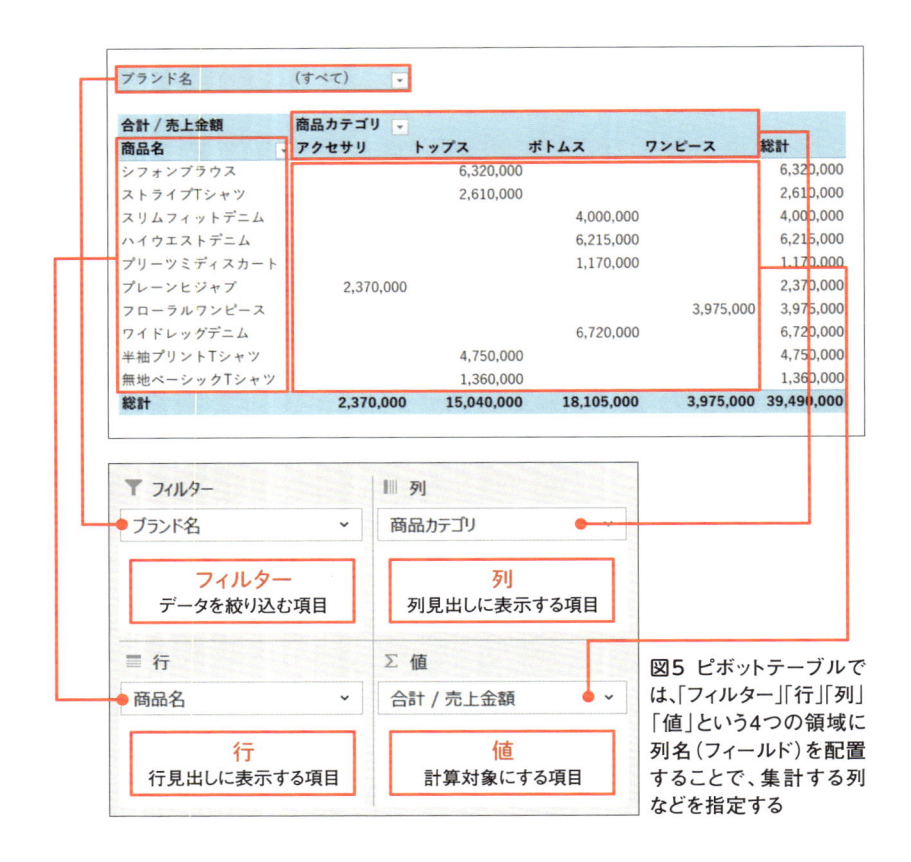

図5 ピボットテーブルでは、「フィルター」「行」「列」「値」という4つの領域に列名（フィールド）を配置することで、集計する列などを指定する

の領域に「商品名」のフィールドが配置されているためです。表の上端（列見出し）には商品の分類が並んでいますが、これは「列」の領域に「商品カテゴリ」のフィールドが配置されているためです。

　「値」の領域には「売上金額」のフィールドが配置されているので、このピボットテーブルでは売上金額が集計されていることがわかります。「合計/売上金額」と書かれていることから、合計が求められています。つまり、このピボットテーブルは、「商品名」と「商品カテゴリ」を掛け合わせて「売上金額」を合計したクロス集計表になっているというわけです。

　「フィルター」の領域には「ブランド名」が配置されています。この領域にフィー

ルドを配置すると、ピボットテーブルの左上に表示されるフィルター機能を利用することができます。図5上では「（すべて）」が選ばれているのでフィルターは実行されていませんが、例えばここで「デニムワークス」を選ぶと、「ブランド名」が「デニムワークス」であるデータのみを抽出して、「商品名」と「商品カテゴリ」のクロス集計ができることになります。

●フィールドの追加と削除

　ピボットテーブルでどの列を集計するかは、画面右側に表示される「ピボットテーブルのフィールド」ウインドウで指定できます。ウインドウの上部には、元データの列名がフィールドとして一覧表示されています。ここからフィールドを選んで、「フィルター」「行」「列」「値」の各領域にドラッグ・アンド・ドロップすれば、ピボットテーブルに追加することができます（**図6**）。

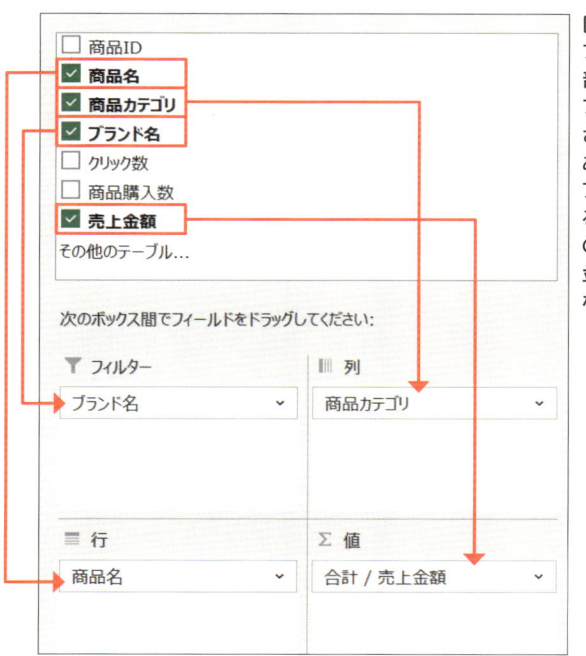

図6 「ピボットテーブルのフィールド」ウインドウの上部には、元データの列名がフィールドとして一覧表示されている。これを下部にある4つの領域にドラッグ・アンド・ドロップして配置することで、ピボットテーブルの行見出しや列見出しに並べる項目や、集計する値などを設定できる

逆に、フィールドを削除するには、各領域からフィールドをドラッグして領域外に
ドロップするか、フィールド名の右にある「∨」をクリックして「フィールドの削除」を
選択します。

●集計方法の変更

「値」の領域に配置したフィールドは、初期設定では「合計」が計算されます
が、ほかの集計方法に変更することも可能です。それにはフィールド名の右端に
ある「∨」をクリックし、開くメニューから「値フィールドの設定」を選びます（**図7**）。
すると、「値フィールドの設定」ダイアログボックスが開き、集計方法を指定できま
す。「合計」のほかに、「個数」「平均」「最大」「最小」などの計算ができます。

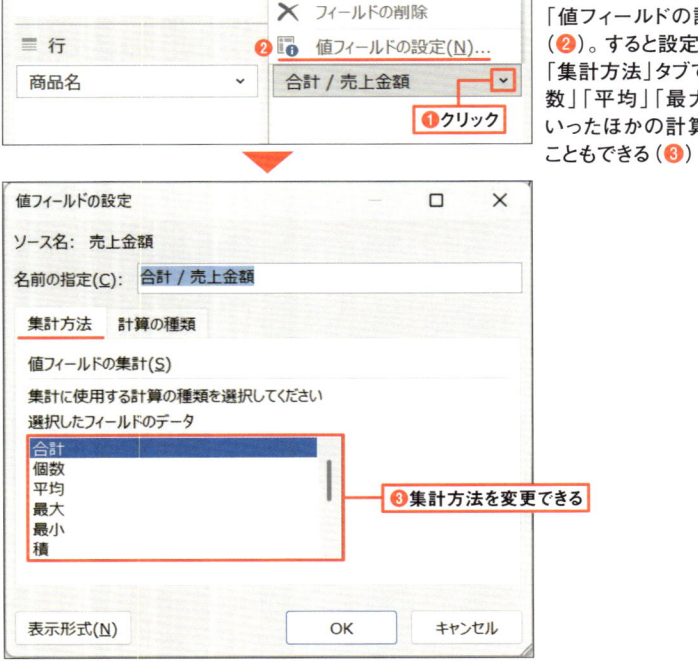

図7 「値」の領域に配置した
フィールド名の右端の「∨」を
クリックし（❶）、メニューから
「値フィールドの設定」を選ぶ
（❷）。すると設定画面が開き、
「集計方法」タブで「合計」「個
数」「平均」「最大」「最小」と
いったほかの計算に変更する
こともできる（❸）

●ピボットテーブルと連動した「ピボットグラフ」

　ピボットテーブルを基にグラフを作成することもできます。それが「ピボットグラフ」です。ピボットグラフはピボットテーブルと連動しており、ピボットテーブルで集計するフィールドを替えたりフィルターを設定したりすると、グラフの内容も変わります（**図8**）。

　ピボットグラフを作成するには、ピボットテーブルを選択した状態で、「挿入」タブにある「ピボットグラフ」をクリックします（**図9**）。表示される「グラフの挿入」ダイアログボックスで、グラフの種類を選択してください。

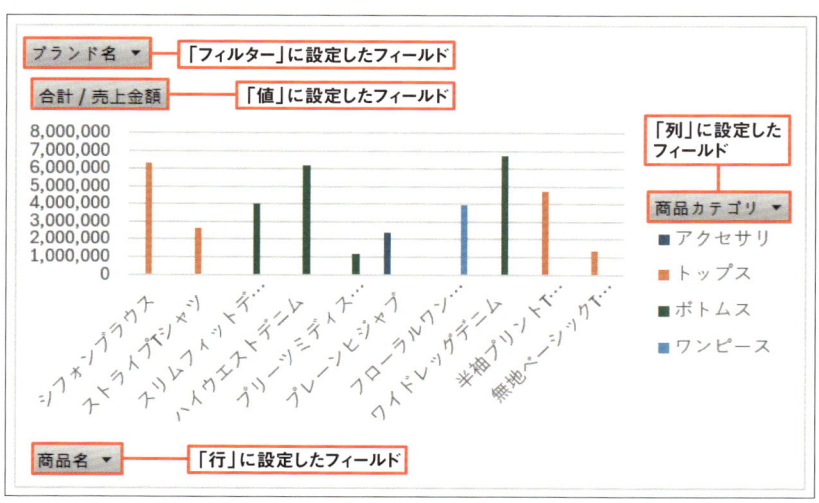

図8 ピボットグラフの例。ピボットテーブルの「フィルター」「行」「列」「値」に設定したフィールドと連動していて、ピボットテーブルを変更すると、即座にグラフにも反映される

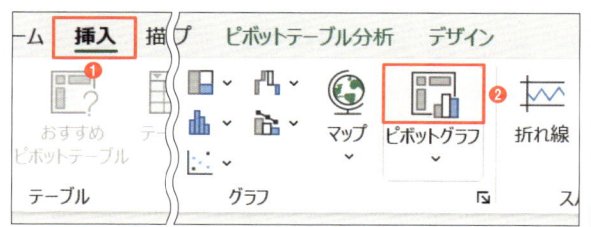

図9 ピボットグラフを作成するには、ピボットテーブルを選択した状態で「挿入」タブにある「ピボットグラフ」ボタンのアイコン部分をクリックする（❶❷）。開く画面でグラフの種類を選べばシートに挿入される

Copilotにグラフを
作成してもらう

次は、Copilotを活用してデータをグラフ化する方法について説明しましょう。Copilotに対して「○○をグラフ化して」といったシンプルな指示をするだけで、目的のグラフを作成してもらうことができます。

プロンプトテンプレート

○○をグラフ化して

例
「商品名ごとの売上金額をグラフ化して」

「広告媒体ごとの広告費をグラフ化して」

それでは、実際にCopilotを使ってグラフを作成してみましょう。ここでは、**図1**のような売上データを元データとして利用します。

このデータについて、「商品名ごとの売上金額をグラフ化して」とCopilotに依頼すると、**図2**のようにグラフが提案されます。

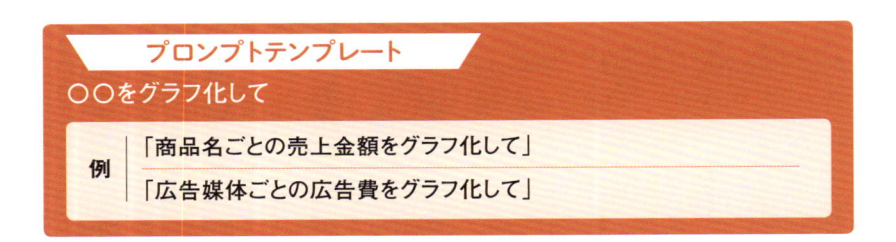

	A	B	C	D	E	F	G	H	I
1	開始日	終了日	商品ID	商品名	商品カテ	ブランド名	クリック数	商品購入数	売上金額
2	2024/3/31	2024/4/5	JEANS001	スリムフィットデニム	ボトムス	デニムワー	1,000	50	500,000
3	2024/3/31	2024/4/14	JEANS001	スリムフィットデニム	ボトムス	デニムワー	1,500	75	750,000
4	2024/4/7	2024/4/18	BLOUS001	シフォンブラウス	トップス	エレガント	2,000	60	480,000
5	2024/4/7	2024/4/21	HIJAB001	プレーンヒジャブ	アクセサ	モダンムス	800	30	90,000
6	2024/4/14	2024/4/23	TSHIRT01	半袖プリントTシャツ	トップス	カジュアル	1,200	70	350,000
7	2024/4/14	2024/4/22	DRESS001	フローラルワンピース	ワンピー	フェミニン	900	45	675,000
8	2024/4/21	2024/5/3	DRESS001	フローラルワンピース	ワンピー	フェミニン	1,800	80	1,200,000
9	2024/4/21	2024/4/29	HIJAB001	プレーンヒジャブ	アクセサ	モダンムス	600	20	60,000
10	2024/4/28	2024/5/11	SKIRT001	プリーツミディスカート	ボトムス	フェミニン	1,100	65	585,000
11	2024/4/28	2024/5/9	JEANS001	スリムフィットデニム	ボトムス	デニムワー	1,300	60	600,000
12	2024/5/5	2024/5/15	JEANS003	ハイウエストデニム	ボトムス	デニムワー	1,900	90	990,000
13	2024/5/5	2024/5/16	HIJAB001	プレーンヒジャブ	アクセサ	モダンムス	950	40	120,000
14	2024/5/12	2024/5/22	DRESS001	フローラルワンピース	ワンピー	フェミニン	1,400	85	1,275,000

図1 売上データの例。「商品名」「ブランド名」「クリック数」「売上金額」などの項目がある

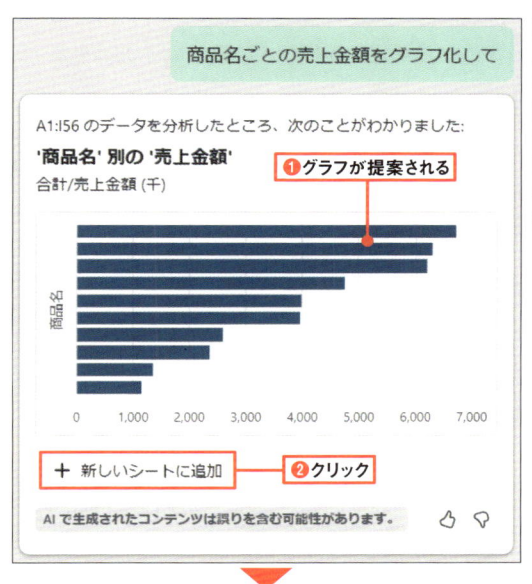

図2 Copilotに「商品名ごとの売上金額をグラフ化して」と指示すると、商品名ごとに売上金額を合計したグラフを提案してプレビュー表示する（❶）。「新しいシートに追加」ボタンを押すと（❷）、新規シートに集計表とグラフが自動作成される（❸）

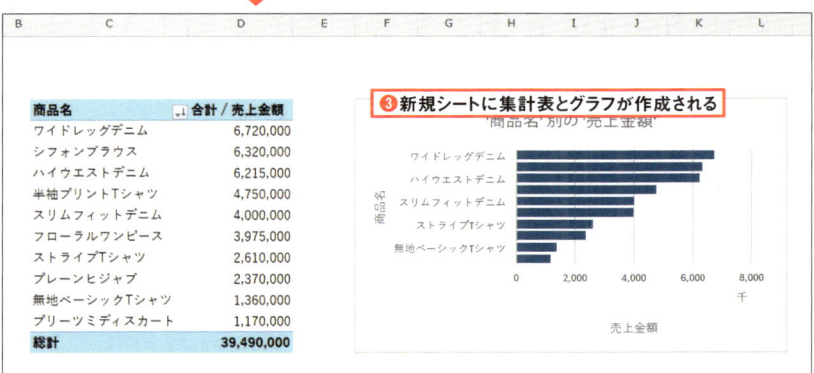

提案されたグラフで問題なければ、「新しいシートに追加」ボタンを押しましょう。すると、新規シートに集計表とグラフが自動作成されます。

この集計表はピボットテーブル、グラフはピボットグラフの機能を用いて作成されています。前項で説明した通り、ピボットグラフは、ピボットテーブルと連動しています。ピボットテーブルは、集計する列をフィールドとして各領域に自由に配置でき

図3 Copilotに「ブランド名ごとのクリック数をグラフ化して」と依頼すると、ブランド名ごとのクリック数のグラフを提案してくれる。しかも、値の大きい順に並べたグラフになっているので、実績の順番が一目瞭然になる

ますが、それに連動してピボットグラフもレイアウトが変更されます。

ほかの例も見てみましょう。図1の元データがあるシートに切り替えてから、「ブランド名ごとのクリック数をグラフ化して」という指示をCopilotに与えてみます。すると**図3**のように、クリック数の合計をブランド名ごとに比較する横棒グラフを提案してくれました。Copilotは、データの特性に応じて適切なグラフの種類を自動的に判断してくれます。

通常、このようなグラフを作成するには、①データを項目別に分類して集計する、②集計結果を基にグラフを作成する、③グラフの種類や書式を設定する——という手順をたどる必要があります。Excelに不慣れな方にとって、特に項目別に分類して集計する作業は難易度が高く、グラフ作成の障壁となりがちです。その点、Copilotなら簡単なプロンプトを与えるだけでこれらの作業を自動化してくれるため、非常に便利です。

ピボットグラフをカスタマイズする

　Copilotが作成したピボットグラフは、必要に応じてカスタマイズすることができます。その方法も身に付けておきましょう。

　ここでは、図2で作成したピボットグラフを例に取ります。Copilotが作成したピボットグラフをクリックすると、右側に「ピボットグラフのフィールド」ウインドウが表示されます。「ピボットグラフ」とある通り、ピボットグラフの編集ができるウインドウです（**図4**）。

図4 ピボットグラフをクリックして選択すると、画面右側に「ピボットグラフのフィールド」ウインドウが表示される。「ピボットテーブルのフィールド」ウインドウに似ているが、下部の4つの領域が「フィルター」「軸（分類項目）」「凡例（系列）」「値」になっている。フィルターを除く3つは、グラフの項目軸、凡例、数値軸にそれぞれ対応している

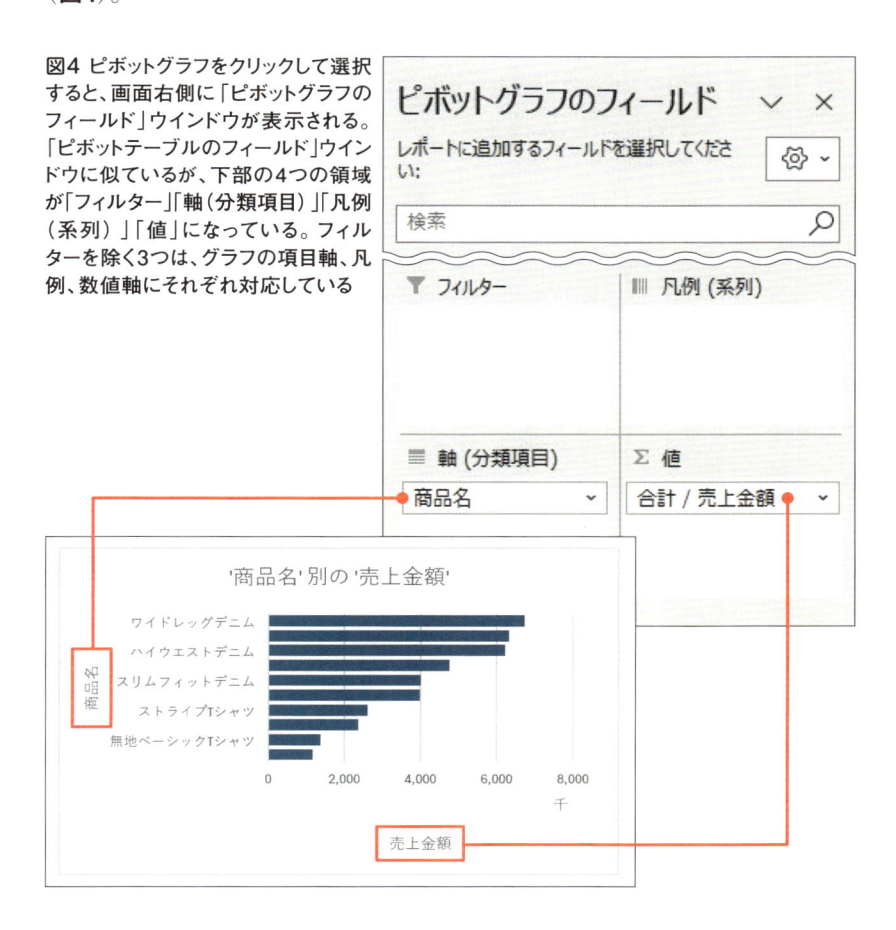

ウインドウの上部には元データの列名が一覧表示されていて、下部には「フィルター」「軸（分類項目）」「凡例（系列）」「値」という4つの領域があります。ピボットテーブルを選択したときに表示される「ピボットテーブルのフィールド」ウインドウに似ていますね。

　ピボットグラフの場合、主に使用するのは「軸（分類項目）」と「値」の領域です。図4では「軸（分類項目）」の領域に「商品名」のフィールド、「値」の領域に「売上金額」のフィールドが設定されています。それぞれ、グラフの項目軸と数値軸に対応しています。

　つまり、「軸（分類項目）」にはグラフの項目軸となるフィールドを、「値」にはグラフに表示する数値のフィールドを設定するのです。これらの設定を変更することで、自分の好みに合わせてグラフをカスタマイズできます。

 memo

　ピボットグラフとピボットテーブルは連動しています。ピボットグラフが作成されると、その裏では集計を行うピボットテーブルも同時に作成されます。そのため、一方を編集すればもう一方も同じようにカスタマイズされます。

データの外れ値をCopilotに見つけてもらう

Section **04**

大量にあるデータを使って何らかの分析や集計を行うとき、注意しなければならないのが「外れ値」の存在です。外れ値とは、一般的なデータから大きく外れた値のことを指します。こうした外れ値が存在すると、全体の平均が引っ張られてしまうなど、分析結果に悪い影響を及ぼす可能性があります。そこで、あらかじめ外れ値を取り除いたうえで分析を始めることが重要です。

このような外れ値を除外する作業にも、Copilotは威力を発揮します。ここでは、Copilotを活用してデータの外れ値を見つける方法を紹介します。

外れ値を見つけるためには、Copilotにシンプルに質問をするとよいでしょう。例えば、「売上金額の外れ値は?」といった質問をするだけで、テーブルに含まれている外れ値を見つけてもらうことができます。

プロンプトテンプレート

〇〇の外れ値は?

例 「売上金額の外れ値は?」
「広告費の外れ値は?」

具体的に見ていきましょう。ここでは次ページ**図1**のような売上データに対して、Copilotに「売上金額の外れ値は?」と質問してみます。

すると**図2**のように、Copilotが外れ値の存在する日付を指摘してくれます。ここでは、2024年2月2日のデータが外れ値であると指摘しました（**図3**）。また、売上金額の推移を視覚的に表現したグラフも作成されており、外れ値の位置がひと目でわかるようになっています。

	A	B	C	D	E	F	G	H
1	売上ID	販売日	商品ID	商品名	販売数	広告媒体	売上金額	広告費
2	1	2024/1/1	ER-105	電子書籍リーダー	8	SNS広告	96,000	56,696
3	2	2024/1/1	ER-107	VRヘッドセット	7	アプリ広告	210,000	63,354
4	3	2024/1/1	E-109	防水Bluetoothスピーカー	2	バナー広告	12,000	3,750
5	4	2024/1/1	W-110	ノイズキャンセリングヘッド゛	4	なし	60,000	0
6	5	2024/1/2	W-101	スマートウォッチ	1	SNS広告	18,000	6,275
7	6	2024/1/2	ER-105	電子書籍リーダー	1	SNS広告	12,000	7,157
8	7	2024/1/2	ER-106	モバイルゲーム機	4	SNS広告	80,000	51,861
9	8	2024/1/3	W-102	ワイヤレスイヤホン	5	ショート動画広	30,000	13,219
10	9	2024/1/3	E-103	ポータブル充電器	8	アプリ広告	24,000	11,105
11	10	2024/1/3	H-104	スマートライト	2	ショート動画広	8,000	3,903

図1 売上データの例。「販売日」ごとに「売上金額」が記録されている

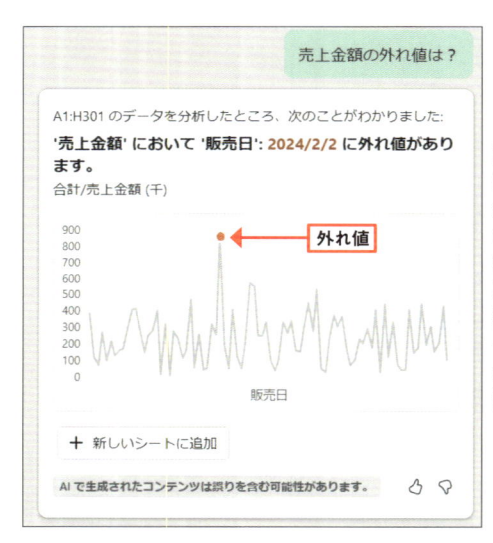

図2 Copilotに「売上金額の外れ値は?」と質問すると、2024年2月2日に外れ値があると指摘し、毎日の売上金額の変動を示すグラフもプレビュー表示してくれた。「新しいシートに追加」ボタンをクリックすると、販売日別の売上金額を集計した結果と、それに連動したグラフが自動作成される。外れ値と見なされている部分が表示され、視覚的に把握することができる

	A	B	C	D	E	F	G	H
1	売上ID	販売日	商品ID	商品名	販売数	広告媒体	売上金額	広告費
106	105	2024/2/2	H-104	スマートライト	3	アプリ広告	12,000	3,781
107	106	2024/2/2	ER-105	電子書籍リーダー	6	なし	72,000	0
108	107	2024/2/2	ER-106	モバイルゲーム機	10	バナー広告	200,000	64,491
109	108	2024/2/2	ER-107	VRヘッドセット	17	アプリ広告	510,000	167,364
110	109	2024/2/2	E-109	防水Bluetoothスピーカー	10	アプリ広告	60,000	33,047
111	110	2024/2/3	W-101	スマートウォッチ	3	ショート動画広	54,000	25,281
112	111	2024/2/3	W-102	ワイヤレスイヤホン	5	バナー広告	30,000	11,022

図3 テーブルのデータを確認すると、2024年2月2日の売上金額が、ほかと比べて非常に大きいことがわかる

Copilotを用いた データ間の相関分析

　2つのデータの間に「相関」があるかを見ることも、データ分析における常とう手段です。相関とは、一方のデータが大きくなると他方のデータも大きくなる、あるいは一方のデータが小さくなるとに他方のデータも小さくなる、といった関係性のことを指します。

　この相関の有無を調べるときにも、Copilotは手助けをしてくれます。シンプルな質問を投げかけるだけで、Copilotは相関を見るためのグラフを自動作成してくれるのです。この機能について解説します。

プロンプトテンプレート

○○と△△の相関は？

例
「広告費と売上金額の相関は？」

「アイスの売上金額と気温の相関は？」

　具体的な例を見ていきましょう。例えば次ページ**図1**のような売上データがあるとします。

　この売上データについて、Copilotに「広告費と売上金額の相関は？」と質問してみます。すると、**図2**のような散布図を提示して、「高い相関性があるようです」と分析してくれました。「シートに追加」ボタンをクリックすると、その散布図をシート上に挿入し、自由に配置することができます。

　この散布図では、横軸に「広告費」、縦軸に「売上金額」が取られ、各データがプロットされています。そして、プロットされた点と近似する直線（近似曲線）が引かれています。この直線は、広告費と売上金額の関係を直線で表しています。

	A	B	C	D	E	F	G	H
1	売上ID	販売日	商品ID	商品名	販売数	広告媒体	広告費	売上金額
2	1	2024/1/1	ER-105	電子書籍リーダー	8	SNS広告	56,696	96,000
3	2	2024/1/1	ER-107	VRヘッドセット	7	アプリ広告	63,354	210,000
4	3	2024/1/1	E-109	防水Bluetoothスピーカー	2	バナー広告	3,750	12,000
5	5	2024/1/2	W-101	スマートウォッチ	1	バナー広告	6,275	18,000
6	6	2024/1/2	ER-105	電子書籍リーダー	1	SNS広告	7,157	12,000
7	7	2024/1/2	ER-106	モバイルゲーム機	4	SNS広告	51,861	80,000
8	8	2024/1/3	W-102	ワイヤレスイヤホン	5	ショート動画広	13,219	30,000
9	9	2024/1/3	E-103	ポータブル充電器	8	アプリ広告	11,105	24,000
10	10	2024/1/3	H-104	スマートライト	2	ショート動画広	3,903	8,000
11	11	2024/1/4	W-101	スマートウォッチ	4	アプリ広告	40,392	72,000
12	13	2024/1/4	SH-108	スマートホームデバイス	3	動画広告	5,593	24,000

図1 売上データの例。案件ごとに「広告費」と「売上金額」が記録されている

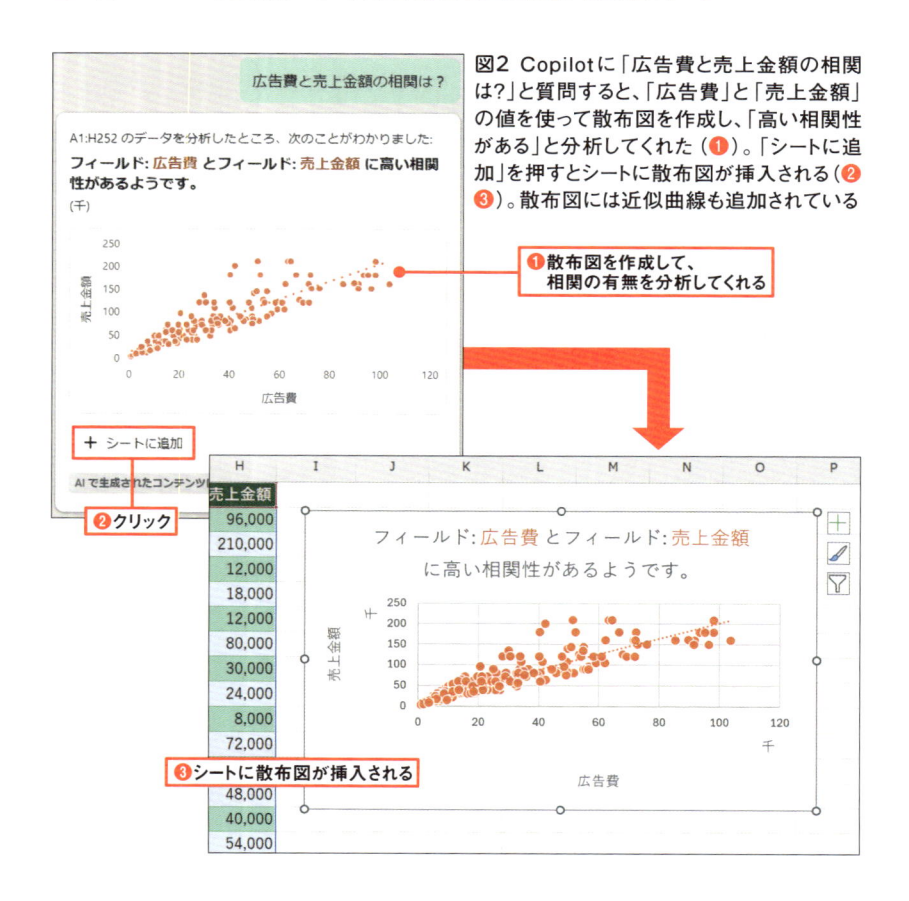

図2 Copilotに「広告費と売上金額の相関は?」と質問すると、「広告費」と「売上金額」の値を使って散布図を作成し、「高い相関性がある」と分析してくれた（❶）。「シートに追加」を押すとシートに散布図が挿入される（❷❸）。散布図には近似曲線も追加されている

　散布図にプロットされた点がこの近似曲線付近に集まっているほど、相関は強いと考えることができます。点がばらばらで直線的な集まりになっていない場合は、相関がないと考えられます。

数式とR^2値を表示し、「当てはまりの良さ」を検討する

　さらに、近似曲線の数式と「R^2値」（決定係数）も表示させることができます。散布図に表示された近似曲線をダブルクリックすると、画面右側に「近似曲線の書式設定」ウインドウが開きます（**図3**）。そこで「グラフに数式を表示する」と「グラフにR-2乗値を表示する」にチェックを入れましょう。すると、数式とR^2値がグラフ上に表示されます。

　数式とR^2値はグラフのプロットエリアに重なって表示されてしまうこともありますが、ドラッグして移動できます。視認しやすいように、グラフの外側に配置するのがお勧めです。また、これらを選択して、「ホーム」タブにある「フォントサイズの拡大」ボタンをクリックすると、文字を大きくすることができます（次ページ**図4**）。

第6章
Copilotでデータ分析
〔集計・グラフ化〕

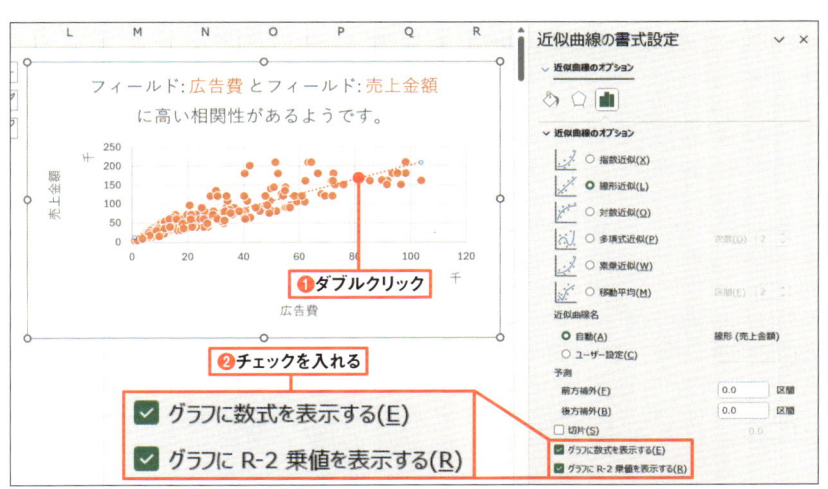

図3 近似曲線をダブルクリックして（❶）、開く「近似曲線の書式設定」ウインドウにある「グラフに数式を表示する」と「グラフにR-2乗値を表示する」の2つにチェックを入れる（❷）

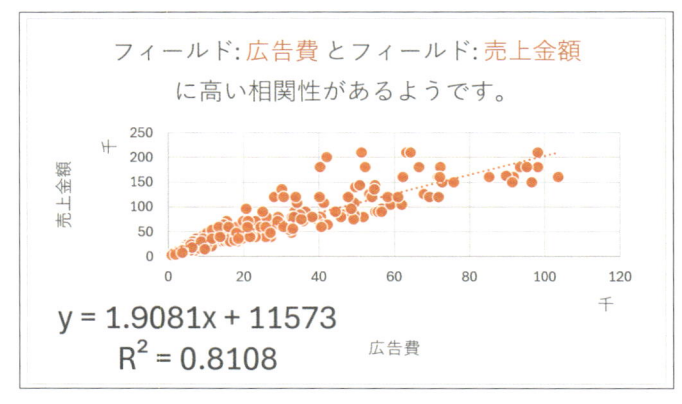

図4 表示された近似曲線の数式とR²値。フォントサイズを大きくしたうえで表示位置も調整し、見やすくしている

ここでは、近似曲線の数式が「y = 1.9081x + 11573」と表されました。これは、広告費を「x」とし、売上金額を「y」とした場合に、yがxによってどのように表せるかを示しています。この数式のxに広告費を当てはめれば、yの売上金額をある程度予測できるというわけです。

一方、R^2値は、近似曲線がデータに対する「当てはまりの良さ」を示します。R^2値は0〜1の範囲の値を取り、1に近いほど近似曲線がデータ全体への「当てはまりが良い」ことを意味します。今回はR^2値は0.8108であり、データへの当てはまりは良いと考えられます。そこで「高い相関性がある」とCopilotによって判定されています。

以上のように、Copilotを活用することで、2つのデータの間の相関性を視覚的に捉え、その関係性を数式化することができるのです。データの概要をつかむためには非常に有用なツールだといえるでしょう。

第6章

Copilotでデータ分析

（集計・グラフ化）

| Column | **Copilot以外でもデータ分析は可能** |

　Excel には、Copilot のほかにも、さまざまなデータ分析結果を自動的に提案してくれる便利な機能があります。それが「データ分析」ボタンです（**図A**）。その名の通り、データの分析を提案してくれる機能です。売上データを入力した状態でこのボタンをクリックすると、時系列グラフやピボットテーブルなど、多彩な分析のパターンを提案してくれます（**図B**）。

　データ分析機能による提案内容は、単なるグラフだけでなく、相関を可視化した散布図やヒストグラム分析など、多岐にわたります。「○○の挿入」ボタンをクリックすることで、Copilotのようにシートに挿入することができます。

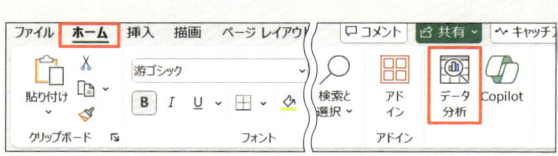

図A 「ホーム」タブにある「データ分析」ボタン。Microsoft 365版Excelで使用できる

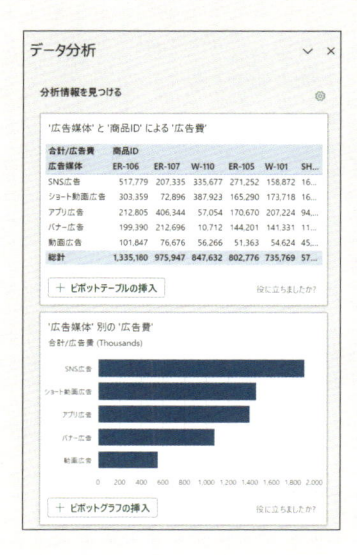

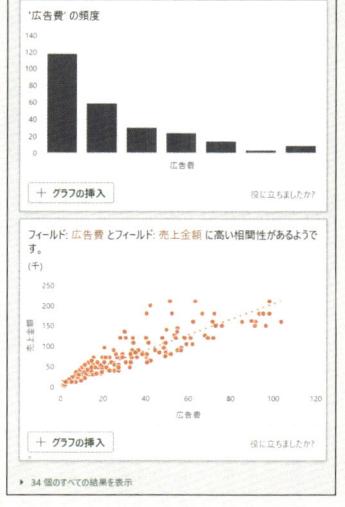

図B 提案されたデータ分析の例。ここでは全部で34個の分析パターンが示された

第7章

Copilotに
マクロ(VBA)を作らせる

この章で学ぶこと

● Copilotを使ったVBAコードの生成
● マクロのデバッグやエラー解決の方法
● マクロ作成のアイデア
● マクロの保存と利用時の注意点

佐藤君

ねぇ、コパイロ君。前に、Excel でマクロを作ると作業を自動化できるって聞いたんだけど、マクロってプログラミングに精通していないと難しいよね？

コパイロ君

そうともいえないよ。Copilot を使えばマクロのコードを作ってもらえるんだ！ 例えば「〇〇するマクロを作成して」のように依頼すれば、それに必要なコードを書いてくれるよ。

へぇ！ それなら僕にもマクロが作れるかも！

でも、注意も必要なんだ。Copilot で作ったコードが正しく動作するとは限らない。コードに不具合があったり、シートの状況に適していなかったりすることもあるんだよ。だから、コードを実行する前に、必ずデバッグ（動作確認）が必要なんだ。

第7章

Copilotに
マクロ（VBA）を作らせる

なるほど、気を付けないといけないんだね。それじゃぁ、デバッグのことも含めて教えてほしいな。

もちろん！ この章では、Copilot を使ってマクロを作成する方法と、デバッグする方法について丁寧に説明していくよ！

Copilotはマクロの
コードを生成できる

Excelの「マクロ」は、繰り返し行う作業を自動化したり、複雑な操作を一発で処理したりするプログラムを作成・実行する機能です。業務の効率化にとても役立つものとして、さまざまな職場で重宝されています。

しかし、マクロを使うには「VBA（Visual Basic for Applications）」という言語を用いたプログラミング（コードの記述）が必要になるので、ある程度の専門知識が求められます。マクロによる業務効率化に興味はあっても、ハードルが高いと感じて尻込みしている方も多いことでしょう。

ところが、Copilotの登場で状況は一変しました。実現したい処理をプロンプトに入力して指示するだけで、Copilotがマクロのコードを自動生成してくれるようになったのです。今では、プログラミングの知識が乏しくても、Copilotとの対話を通して誰でもマクロを作成することができます。

Copilotを使ったマクロ作成のポイント

Copilotが備えるコード生成機能は、Excelでマクロを作成する作業をさまざまな面でサポートしてくれます。以下にそのポイントを挙げます。

1. 依頼するだけでコードを書いてくれる

「○○するマクロを作成して」のように、日本語でマクロ作成を依頼できます。自力でイチからコードを書く必要がなく、生産性が大幅に向上します。

2. コードについて説明してもらえる

Copilotは、コードやその処理内容に関して説明することができます。これによ

り、生成したコードの意図や構造がわかりやすく提示されており、必要に応じて修正を加えるのも容易です。VBAの初心者にとっても、コードの内容を把握しやすいのが利点といえるでしょう。

3. エラーが発生しても対話形式でサポート

マクロのコードがエラーを起こした場合も、対話を通じてCopilotのサポートを受けられます。例えば、「このコードを実行したところ○○というエラーが発生しました。どうしたらよいですか?」などと質問すれば、エラーの原因や改善方法について的確なアドバイスを提示してくれます。

マクロの作成は汎用Copilotで行うのがお勧め

Copilotの助けを借りてマクロを作成する場合は、Excelの「アプリ専用Copilot」(Excel専用Copilot)ではなく、「汎用Copilot」を使用することをお勧めします。つまり、Webサイト(https://copilot.microsoft.com/)のCopilotを使ったほうがよいということです。

マクロのコード生成に関して、Excel専用Copilotと汎用Copilotを比較検証してみると、以下の表のようになりました。

第7章
Copilotに
マクロ(VBA)を作らせる

比較内容	Excel専用Copilot	汎用Copilot
Web検索との連動	✖ なし	⭕ あり
コードの説明	△ 簡潔	⭕ 丁寧
回答の速さ	△ ゆっくり	⭕ 速い
質問への対応	△ 限定的	⭕ 柔軟
ライセンス	無料	有料

汎用Copilotの最大の特徴は、Web検索と連動している点にあります。つまり、Webの情報を参照しながらコードを生成してくれるのです。加えて、参考となるWebサイトも提示されるため、回答内容の裏付けを確認しやすくなっています（**図1**）。また、ユーザーの質問に対して柔軟かつ信頼性の高い回答を提供することが多いのも特徴です。さらに、コードの説明が丁寧で、回答速度が速いことも利点として挙げられます。

　一方、Excel専用Copilotは、Web検索との連動がなく、そのほかの機能も限定的です。従って、本格的なマクロ作成には、Webサイトで利用できる汎用Copilotを使うことをお勧めします。無料で誰でも使えるという意味でも、活用のハードルは低いでしょう。そのため、本章では、汎用Copilotを使用して説明を進めていくことにします。

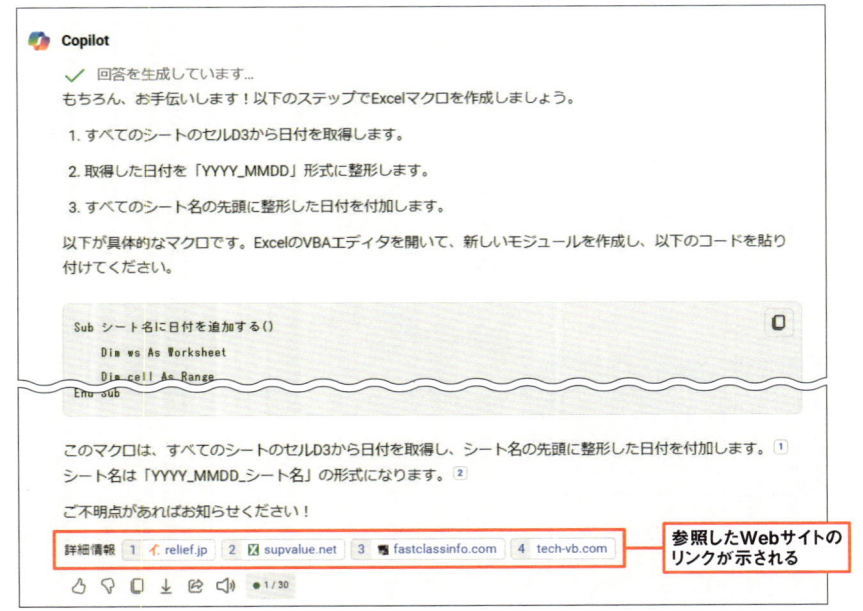

図1 Webサイト上で利用できる汎用Copilotにマクロのコードを生成させた例。回答の末尾に、参照したWebサイトのリンクが並び、クリックするとそのページが開いてより詳細な情報を確認できる

Section 02 Copilotを用いた コードの生成から実行まで

　ここからは、Copilotにコードの生成を依頼して、マクロを作成する手順を具体的に説明していきます。マクロの生成を指示するプロンプトは、次のように書くとよいでしょう。

プロンプトテンプレート

Excel VBAで○○するコードを書いて

例
「Excel VBAですべてのシートでセルA1を選択するコードを書いて」

「Excel VBAですべてのシートで図形を全削除するコードを書いて」

「Excel VBAで新しいシートを2024_08_01のような今日の日付にして作成するコードを書いて」

　手始めに、Copilotで「すべてのシートでセルA1を選択する」というマクロを作成してみます。Copilotに「Excel VBAですべてのシートでセルA1を選択するコードを書いて」と指示すると、次ページ**図1**のようにコードが提案されます。

　Coplotが提示したコードは、薄いグレーの枠で囲まれて、等幅フォントで表示されます。このエリアを「コードブロック」と呼びます。コードブロックの右上にあるボタンをクリックすると、コードをそっくり「コピー」できます。

マクロ編集用の「VBE」を起動する

　コピーしたコードを利用するには、マクロの編集ツールである「Visual Basic Editor」(以下、VBE)を起動する必要があります。それには、Excelに「開発」タ

第7章 Copilotにマクロ(VBA)を作らせる

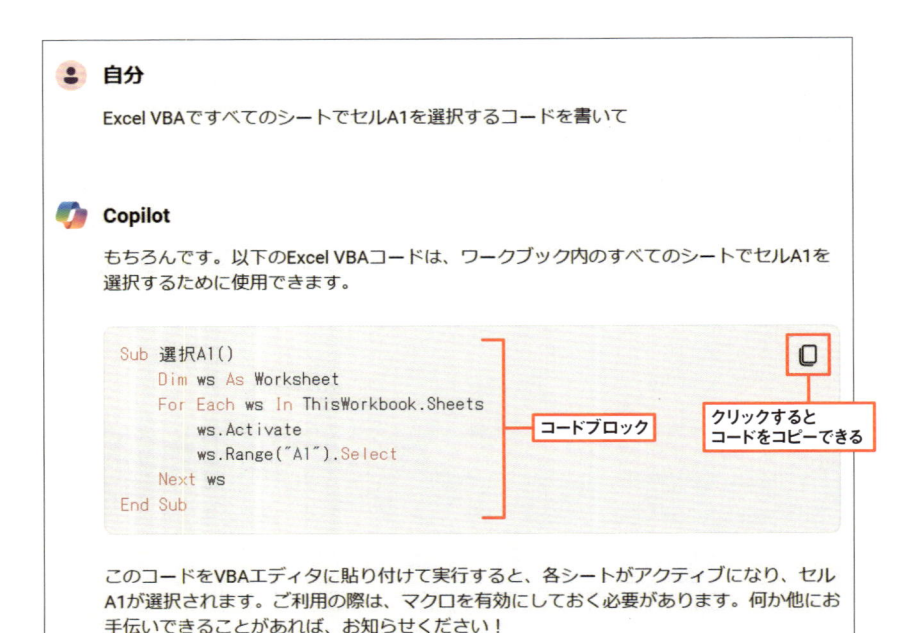

図1 「すべてのシートでセルA1を選択するコード」を生成するように指示すると、このように回答され、具体的なコードが提示される

ブを表示させると便利です（**図2**）。左端にある「Visual Basic」ボタンをクリックすることで、VBEを起動できるようになります。なお、「Alt」キーを押しながら「F11」キーを押すというショートカットキーでもVBEは起動できます。

Copilotが生成したコードを貼り付ける

　VBEを起動すると、最初は**図3**のような画面が開きます。左側には「プロジェクトエクスプローラー」と呼ばれるウインドウがあり、ここにVBAのコードを保存するためのオブジェクトが並びます。マクロのコードは通常、「モジュール」と呼ばれるオブジェクトに保存するのが基本ですが、初期状態ではまだモジュールが存在しません。そこで、「挿入」メニューから「標準モジュール」を選択して、モジュール

いずれかのタブの上で右クリックし（❶）、メニューから「リボンのユーザー設定」を選ぶ（❷）。開くオプション画面の右側で「開発」にチェックを付けて「OK」を押すと（❸❹）、リボンに「開発」タブが追加される（❺）。「Visual Basic」ボタンを押すと（❻）、VBEを起動できる

図2

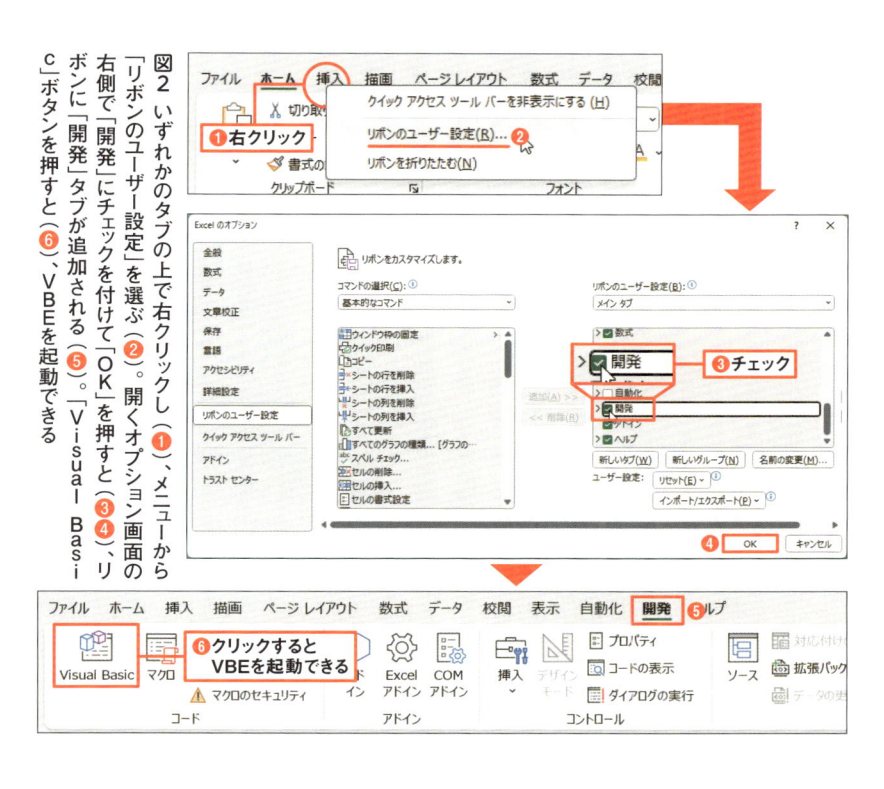

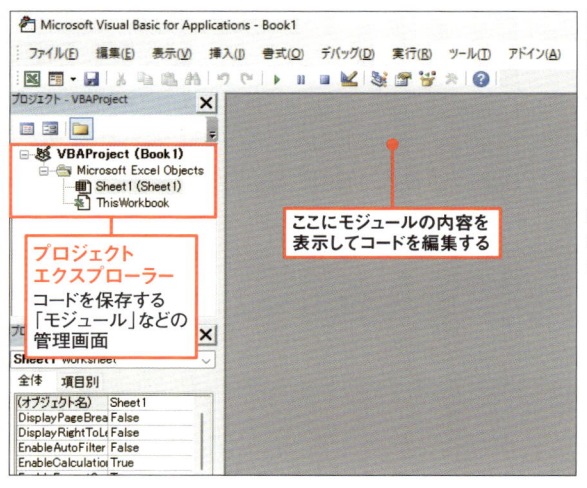

図3 起動したVBEの初期画面。左側の「プロジェクト」と書かれたウインドウで、ブックごとのマクロを管理できる。マクロのコードは通常、「モジュール」と呼ばれるオブジェクトに保存するのが基本なので、最初にモジュールを追加する必要がある

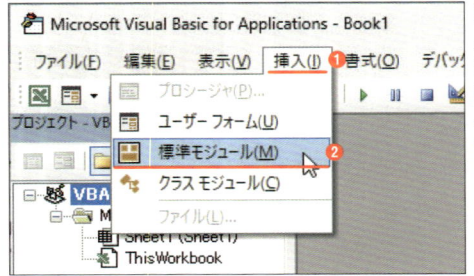

図4 「挿入」メニューから「標準モジュール」を選ぶと（❶❷）、「標準モジュール」というグループの下に「Module1」というモジュールが追加される（❸）。右側にその「コード」ウインドウが開くので、そこでコードの入力や編集を行う（❹）

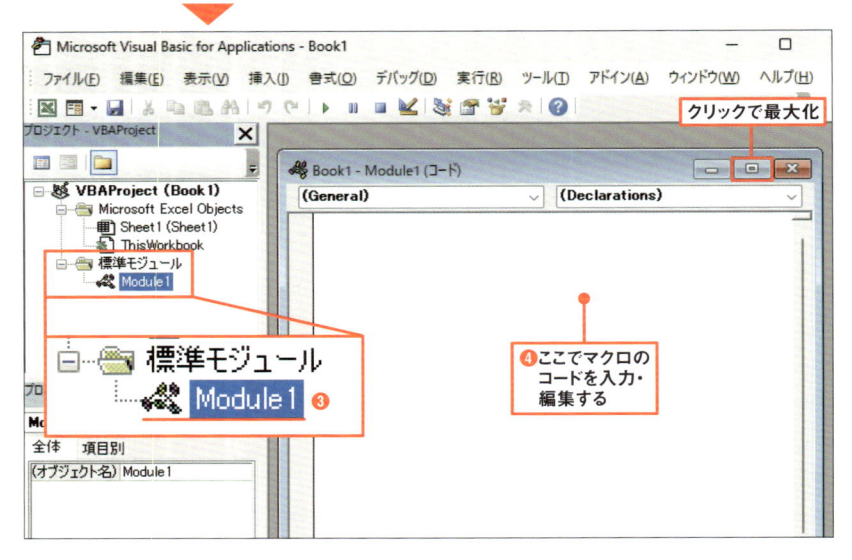

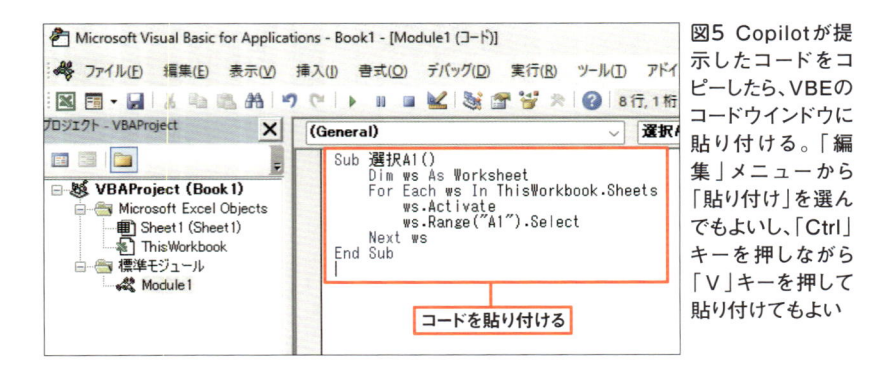

図5 Copilotが提示したコードをコピーしたら、VBEのコードウインドウに貼り付ける。「編集」メニューから「貼り付け」を選んでもよいし、「Ctrl」キーを押しながら「V」キーを押して貼り付けてもよい

を追加する必要があります（**図4**）。

すると、「標準モジュール」というグループに「Module1」が追加されます。これは、このブック全体で使用できるコードを保存する場所です。この「Module1」の内容は、右側に表示される「コード」ウィンドウで入力・編集します。コードウィンドウが表示されないときは、プロジェクトエクスプローラーで「Module1」をダブルクリックしてください。

このコードウインドウに、Copilotが提案してくれたVBAのコードを貼り付けます（**図5**）。これで、マクロとして実行できるようになります。

VBEからマクロを実行する

実際にマクロを実行してみましょう。それには、VBEのツールバーにある「Sub/ユーザーフォームの実行」ボタンを使います。ただし、ボタンをクリックする前に注意点があります。実行する際は、コードの先頭にある「Sub」から末尾の「End Sub」の間をクリックして、コード内にカーソルがある状態にしてください。そうすることで、「Sub/ユーザーフォームの実行」ボタンで実行するマクロを指定できるためです。

また、今回は「すべてのシートでセルA1を選択する」というマクロを作成したので、ブックに複数のシートを追加して、それぞれシートでセルA1以外を選択しておくと、動作を確認しやすくなります。

準備ができたら、「Sub/ユーザーフォームの実行」ボタンをクリックしてマクロを実行してください（次ページ**図6**）。終了したら、Excelのウインドウに戻って確認してみましょう。すべてのシートで、セルA1が選択された状態になっているはずです（**図7**）。

なお、Copilotはあくまでコードの提案を行うものであり、提案されたコードが常に完璧とは限りません。VBAの基本的な知識を持ったうえで、コードの内容を確認し、必要に応じて修正を加えることが大切です。

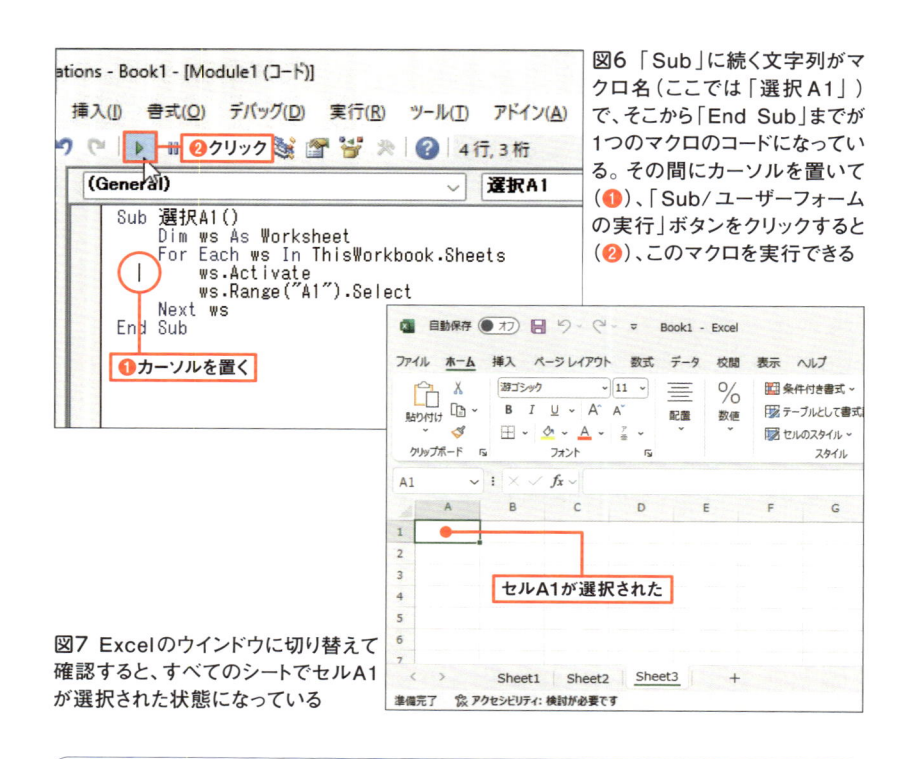

図6 「Sub」に続く文字列がマクロ名（ここでは「選択A1」）で、そこから「End Sub」までが1つのマクロのコードになっている。その間にカーソルを置いて（❶）、「Sub/ユーザーフォームの実行」ボタンをクリックすると（❷）、このマクロを実行できる

図7 Excelのウインドウに切り替えて確認すると、すべてのシートでセルA1が選択された状態になっている

memo

VBEのウインドウからExcelのウインドウに戻るためには、VBEのツールバーにある「表示 Microsoft Excel」ボタンをクリックするのが便利です。または、「Alt」+「F11」というショートカットキーでも切り替えられます。これは、VBEを起動するのと同じショートカットキーなので、覚えておくとよいでしょう。

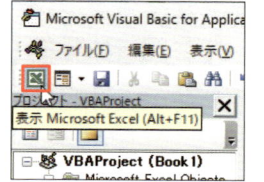

「マクロ有効ブック」として保存する

　生成されたコードに問題がなく、マクロが適切に動作するようなら、マクロを保存しましょう。マクロは、モジュールを作成したブックと一緒に保存できます。

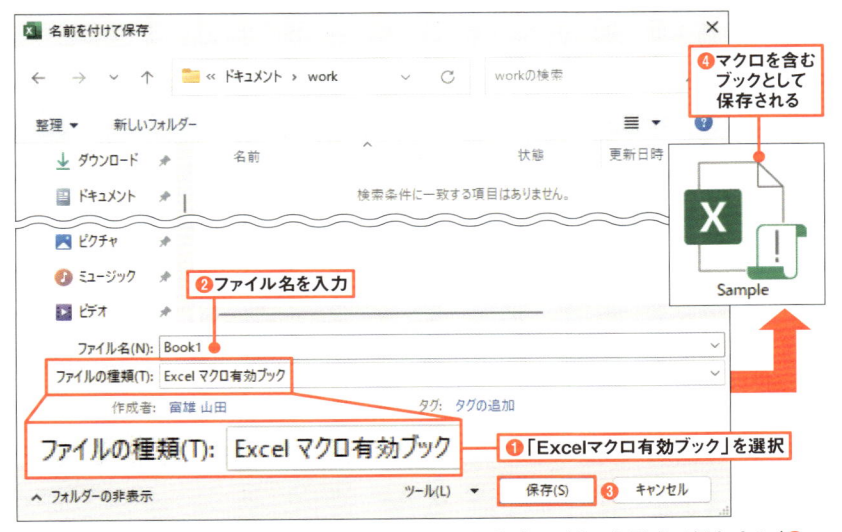

図8 マクロを保存するには、ブックを「Excelマクロ有効ブック」という形式で保存する（❶〜❸）。すると、マクロを含むブックとして保存できる（❹）。ファイルのアイコンも通常とは異なるものになる

ただし、通常の「Excelブック」（拡張子は「.xlsx」）形式で保存すると、マクロは削除されてしまうので注意してください。マクロを含むブック（ファイル）を保存する際は、ファイルの種類を「Excelマクロ有効ブック」（拡張子は「.xlsm」）にして保存する必要があります。

「ファイル」タブから「名前を付けて保存」を選んでもよいですが、「F12」キーを押して「名前を付けて保存」ダイアログボックスを開き、「ファイルの種類」を変更するのが簡単です（**図8**）。「Excelマクロ有効ブック」として保存することで、次回以降にそのファイルを開いた際にも、マクロを実行できるようになります。

保存したマクロを実行する

マクロを含むブック（Excelマクロ有効ブック）を開くと、標準ではセキュリティの警告が表示されます（次ページ**図9**）。これは、悪質なマクロが含まれたブックを

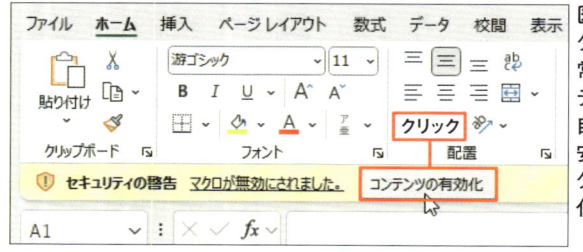

図9 マクロを含むExcelマクロ有効ブックを開くと、通常はこのような「セキュリティの警告」が表示される。自分が作成したブックなど、安全性に信頼が持てるブックなら「コンテンツの有効化」をクリックする

不用意に開くと、ウイルス感染などのトラブルが発生する恐れがあるためです。

　ただし、自分で作成したマクロならその心配はありません。安全とわかっているブックの場合は、「コンテンツの有効化」をクリックしてマクロを有効化してください。なお、Excelのセキュリティレベルによっては、信頼できる場所へのファイルの保存が必要になることもあります。

　マクロを実行するには、「開発」タブにある「マクロ」ボタンをクリックします。開く画面でマクロ名を選択し、「実行」ボタンを押すとマクロが実行されます（**図10**）。もちろん、VBEを起動して図6の要領で実行してもかまいません。

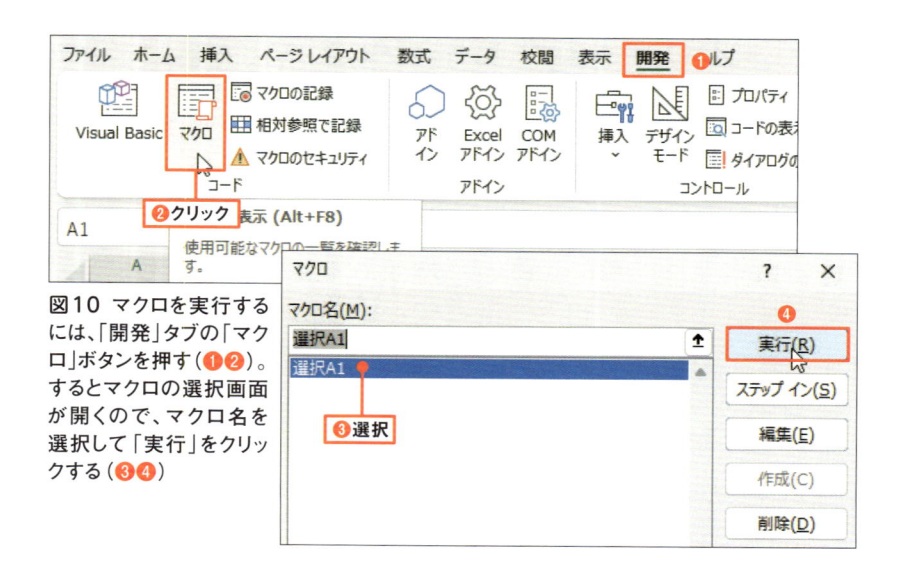

図10 マクロを実行するには、「開発」タブの「マクロ」ボタンを押す（❶❷）。するとマクロの選択画面が開くので、マクロ名を選択して「実行」をクリックする（❸❹）

Section 03 最低限押さえておきたい VBAコードの基本

「Copilotにコードを書かせる」とはいっても、そのコードをフルに活用するには、やはりVBAの基礎知識が必要となります。AIが生成したコードを理解し、目的に応じて修正や拡張を行うためには、マクロの基本的な文法を把握しておくほうがよいでしょう。

　本書はVBAの入門書ではないため、VBAのすべてを解説することはできませんが、ここでCopilotとのやり取りに必要な基本的な概念や構文を、実際のコードを例にしながら確認しておきます。

サンプルコードでVBAの基礎を理解

　まずは、売上金額を集計する簡単なVBAコードを見てみましょう。**図1**のような売上データを対象に、売上金額の合計をセルE2に出力します。具体的なコードは次ページの通りです。

　このサンプルコードを基に、VBAの基本的な要素を見ていきましょう。

第7章 Copilotにマクロ（VBA）を作らせる

	A	B	C	D	E	F
1	開始日	商品ID	売上金額		合計売上	
2	2024/3/31	JEANS001	500,000		4,475,000	
3	2024/3/31	TSHIRT01	375,000			
4	2024/4/7	DRESS001	600,000			
5	2024/4/7	TSHIRT02	180,000		Microsoft Excel ×	
6	2024/4/14	JEANS002	700,000			
7	2024/4/14	BLOUS001	270,000		処理が完了しました。	
8	2024/4/21	SKIRT001	800,000			
9	2024/4/21	HIJAB001	100,000		OK	
10	2024/4/28	JEANS003	650,000			
11	2024/4/28	TSHIRT03	300,000			

図1「売上データ処理」マクロを実行した結果

```
Sub 売上データ処理()

    ' 変数の宣言
    Dim i As Long
    Dim 合計売上 As Long

    ' E,F列をクリア
    Range("E:F").ClearContents

    ' 合計売上の計算
    For i = 2 To 11
        合計売上 = 合計売上 + Cells(i, 3).Value
    Next i

    ' セルに書き込む
    Range("E1").Value = "合計売上"
    Range("E2").Value = 合計売上

    ' メッセージボックスの表示
    MsgBox "処理が完了しました。"

End Sub
```

●Subプロシージャ

まずは冒頭と末尾に注目してください。冒頭に「Sub」というキーワードがあり、その後ろにマクロ名「売上データ処理」と書かれています。また、末尾には「End Sub」と書かれています。

```
Sub 売上データ処理()

    (この間に処理の内容を入力する)

End Sub
```

この「Sub」から「End Sub」までがマクロのひとまとまりで、「Subプロシージャ」と呼ばれます。プロシージャとは、ひとまとまりの処理を行う部分のことです。VBA

のコードは、このプロシージャ単位で書きます。

　「Sub」の後ろにプロシージャ名（マクロ名）を入力し、その後ろには「（）」のようにかっこを付けます。プロシージャ名は、処理の内容を表すわかりやすい名前（ここでは「売上データ処理」）を付けるのがよいでしょう。そして具体的な処理を実行するコードを書いた後、「End Sub」でプロシージャを閉じます。

　複雑な処理を行うマクロでは、このようなプロシージャを複数組み合わせて利用することになりますが、シンプルなマクロは、1つのプロシージャで完結することが多いです。

●コメント

　続いて、2行目にある以下の記述を見てください。

```
' 変数の宣言
```

　このように、「'」（半角シングルクォーテーション）で始まる緑色の文字は「コメント」といいます。これは、コードの中に記述される説明文やメモ書きです。命令文とは別に自由に書いてよいもので、プログラムの動作には影響を与えません。VBAでは「'」を書くことで、それより右側の文字列をコメント扱いにできます。Copilotが生成するコードにもコメントが含まれることがよくあります。

　上記の「'変数の宣言」というコメントは、「次に書かれたコードは変数の宣言をするものですよ」と内容を説明をしています。

●変数の宣言

　その変数の宣言について見てみましょう。「変数」とは、データを一時的に格納するための箱のようなものです。変数を使うためには、あらかじめ「このプログラムでは○○という変数を使います」と宣言しておく必要があります。変数を作って準備するイメージです。変数を宣言するには、「Dim 変数名 As 型」という書き方で、変数名と、変数の「型」を指定します。それが次のコードです。

```
Dim i As Long
Dim 合計売上 As Long
```

変数名は、日本語や半角英数字と「＿」(アンダースコア)を使用できます。ただし変数名の先頭に数字や「＿」は使用できません。上記のコードでは、「i」「合計売上」という2つの変数を順番に宣言しています。

型とは、変数に入れることができるデータの種類のことです。型にはさまざまな種類があります。例えば、「Long」や「Integer」は整数を扱う型、「String」は文字列を扱う型です。

変数の型をあらかじめ決めておくことで、作成した変数に異なる種類のデータが格納されて問題が発生するようなトラブルを防げます。

なお、VBAでは変数の宣言を省略することもできますが、思わぬエラーを発生させないためにも、きちんと宣言して使うことが望ましいでしょう。

●オブジェクトとメソッド

続くコードを見ていきます。コメントで説明されている通り、次のコードはE列からF列までのデータをクリア(消去)する命令です。

```
Range("E:F").ClearContents
```

VBAでは、Excelの構成要素(ワークシート、セル範囲など)を「オブジェクト」として扱います。例えば、セル範囲をオブジェクトとして指定するには「Range」というキーワードを使います。上記の「Range("E:F")」では、E列からF列までのセル範囲をオブジェクトとして指定しています。

このオブジェクトに対して行う操作を「メソッド」と呼びます。上記の「ClearContents」は、指定した範囲の値や数式をすべてクリアする操作を行うもので、「ClearContentsメソッド」と呼びます。メソッドは、オブジェクトごとに用意されていて、対象となるオブジェクトの名前を書いた後、ピリオドを入力して

「.ClearContents」のように続けます。そのため、上記のコードは「E列からF列までのセル範囲をクリアせよ」という命令になります。

● プロパティ

一方、オブジェクトが持っている値や状態などの属性を「プロパティ」と呼びます。例えば、セルに入力されている値は「Valueプロパティ」として取得や設定ができます。セルを表すオブジェクトに続けて「.Value」と書いて利用します。

```
合計売上 = 合計売上 + Cells(i, 3).Value
```

```
Range("E2").Value = 合計売上
```

といったコードにある「Cells(i, 3).Value」や「Range("E2").Value」がそれです。「Cells」はセルを行番号と列番号を使って指定するキーワードなので、「Cells(i, 3).Value」で「i行の3列目にあるセルの値」を表します。「Range("E2").Value」は「セルE2の値」ですね。

なお、VBAでは「=」（イコール）を使って値の代入やプロパティの設定をします。上記の1つめのコード例では、「合計売上」という変数に「i行の3列目にあるセルの値」を足し算したうえで、その結果を変数「合計売上」に代入し直しています。また2つめのコード例では、セルE2の値として、変数「合計売上」の中身を設定しています。つまり、「セルE2に変数『合計売上』の値を入力する」という命令になります。

● 繰り返し

プログラムを使うことの利点の1つに、「繰り返し処理によって、大量のデータを一括処理できる」ということが挙げられます。そのような繰り返し処理に使う構文の1つが、「For～Next構文」などと呼ぶものです。例えば次のような書き方をします。

```
For i = 2 To 11
    （この間に処理の内容を入力する）
Next i
```

　ここで、変数「i」は「カウンター変数」と呼ばれ、繰り返しの回数を数えるために利用する変数です。「For i = 2 To 11」という記述で、繰り返しの条件を指定しています。具体的には、「カウンター変数 i が2から11になるまで、1ずつ増やしながら繰り返す」という意味です。今回のコードが対象にしている売上データは、シートの2行目から11行目までにあるので、「2 To 11」と指定して、変数「i」が2から11へと1ずつ変化するようにしています。これを「Cells」の行番号に指定することで、2行目から11行目までのセルを順次処理できるようになります。

●VBA関数
　VBA関数は、特定の処理を行い、結果を返す仕組みのことです。今回のサンプルコードでは、最終行にあった次のコードでVBA関数が使われています。

```
MsgBox "処理が完了しました。"
```

　「MsgBox」は、メッセージボックスを表示するVBA関数です。これを「MsgBox関数」と呼びます。「MsgBox "出力したい文字列"」という書式でコードを記述することで、「"」（半角ダブルクォーテーション）で囲われた文字列をメッセージボックスで出力できます。

　以上のような最低限の基本を押さえることで、VBAコードの読み方や書き方の基礎が身に付きます。Copilotを使ってコードを生成する際も、これらの知識があれば、生成されたコードの理解や必要に応じた修正がしやすくなるでしょう。

Copilotを活用した
VBA学習のコツ

前節ではVBAの基礎的な文法について簡単に説明しましたが、その学習を
さらに深めていくのは一人では大変な作業です。そこで活用したいのがCopilot
です。Copilotは、VBAを学習する際にも十分なサポートをしてくれます。ここで、
独学者のためにCopilot活用のコツを紹介します。

基礎的なVBAの用語について質問

Copilotに質問をしながら学習していくうえで、VBAの基礎用語に対する理
解は欠かせません。例えば、「変数」「プロシージャ」「モジュール」「オブジェクト」
「プロパティ」「メソッド」など、基本的な概念を理解しておくことが重要です。わか
らない用語があれば、Copilotに遠慮なく聞きましょう。

プロンプトテンプレート

VBAの〇〇とは何ですか?

例

「VBAの『変数』とは何ですか? 簡単な例を示してください。」

「『プロシージャ』と『関数』の違いを教えてください。」

「VBAの『モジュール』について説明してください。どのように使うので
すか?」

「VBAにおける『オブジェクト』『プロパティ』『メソッド』の関係性を教え
てください。」

「VBAの『イベント』とは何ですか? 具体的な例を挙げて説明してくだ
さい。」

第7章

Copilotに
マクロ（VBA）を作らせる

Copilotとの対話において、これらの用語は頻繁に使用されます。基礎用語を押さえておかないと、Copilotの回答を正確に理解することが難しくなります。そのため、Copilotに質問することで、理解を深めていきましょう。

基本的なコーディングのルールを設定する

Copilotにコードを書かせる場合に、注意すべき点があります。それは、コードを書く際のルールを設定しておくことです。

というのも、一定のルールを決めておかないと、Copilotはそのときどきで違うルールで書いたコードを出力します。例えば「変数は必ず宣言する」「変数の型を付けて宣言する」といった基本ルールは、マクロの入門本には必ず書いてあることです。ところが、Copilotはそうしたルールを守らずにコードを書くことが意外とあります。

従って、コードを書かせる際にはそのようなルールを守るようにCopilotに指示しましょう。例えば、次のような条件をプロンプトに付加します。

プロンプトテンプレート

〇〇すること

例	「すべての変数を明示的に宣言し、型を定義すること。コメントは日本語で記述し、変数宣言時にはその用途を簡潔に説明すること。変数名とプロシージャ名は日本語で命名すること。」

シンプルなコード例と、簡単なデータを提供してもらう

Copilotが生成するコードは、しばしば高度で実用的なものになりがちです。しかし、基本的な概念を理解するには、まずシンプルな例から始めることが重要です。そこで、Copilotに最もシンプルなコード例を求めましょう。その際は、その例を

試すための簡単なデータも一緒に提供してもらうとよいでしょう。

プロンプトテンプレート

シンプルな例を示してください。

例	「VBAの『配列』の概念を説明し、最もシンプルな使用例を示してください。また、この例を試すための簡単なデータセットも提供してください。」
	「VBAでの『ループ処理』について、初心者にもわかりやすい基本的な例を示してください。For〜Next構文を使った単純な計算例を提供してください。」
	「VBAの『If文』の基本的な使い方を説明し、条件分岐の最も簡単な例を示してください。Excelのセルの値に応じて処理を変える簡単なマクロの例を作成してください。」

多様なアプローチを探る

　VBAでは、同じ目的を達成するために複数の方法が存在することがよくあります。例えば、セル範囲の合計を求める場合なら、For〜Next構文による繰り返し処理を使って1つずつ足し合わせていく方法と、WorksheetFunctionのSUM関数を使用する方法があります。

　Copilotは最初に1つの解決策を提案しますが、それが唯一の方法とは限りません。異なるアプローチを知ることで、状況に応じた最適な選択ができ、VBAの理解も深まります。Copilotに最初の回答以外の方法も尋ねましょう。

プロンプトテンプレート

ほかの方法はありますか？

例	「ほかの方法はありますか？」
	「もっと効率的な方法はありませんか？」

上記のような質問を投げかけることで、新しい手法を学べます。例えば、For
〜 Next構文を用いる方法とWorksheetFunctionを使用する方法の、それぞ
れのメリットとデメリットを比較することで、状況に応じた最適な選択ができるよう
になります。

自分のコードをレビューしてもらう

自分で書いたVBAコードが最適かどうか、改善の余地はないか、といった点
を客観的に判断するのは難しいものです。そこでCopilotを活用することで、自作
したコードのレビューや改善案の提案を受けることができます。

特に、コードの効率性、可読性（コードの読みやすさ）、エラーへの対応可能
性などの観点からCopilotにフィードバックを求めると、VBAの実践的なスキルが
身に付いていきます。

下記のようなプロンプトを書いた後に、実際に自分が書いたコードを貼り付ける
ことで、その内容をCopilotがチェックしてくれます。

図1は、実際にコードのレビューを依頼した例です。マクロの実行速度が遅い

プロンプトテンプレート

改善案を提案してください:
（ここにコードを貼り付ける）

例

「以下のVBAコードをレビューし、効率性と可読性の観点から改善案
を提案してください:」

「このVBAマクロの実行速度が遅いです。コードを分析し、どのような
最適化が可能か提案してください:」

「以下のVBAコードにエラーハンドリングを追加したいです。適切なエ
ラー処理の方法を提案してください:」

「このVBAコードの機能を維持しながら、より簡潔に書き直す方法は
ありますか? リファクタリングの提案をお願いします:」

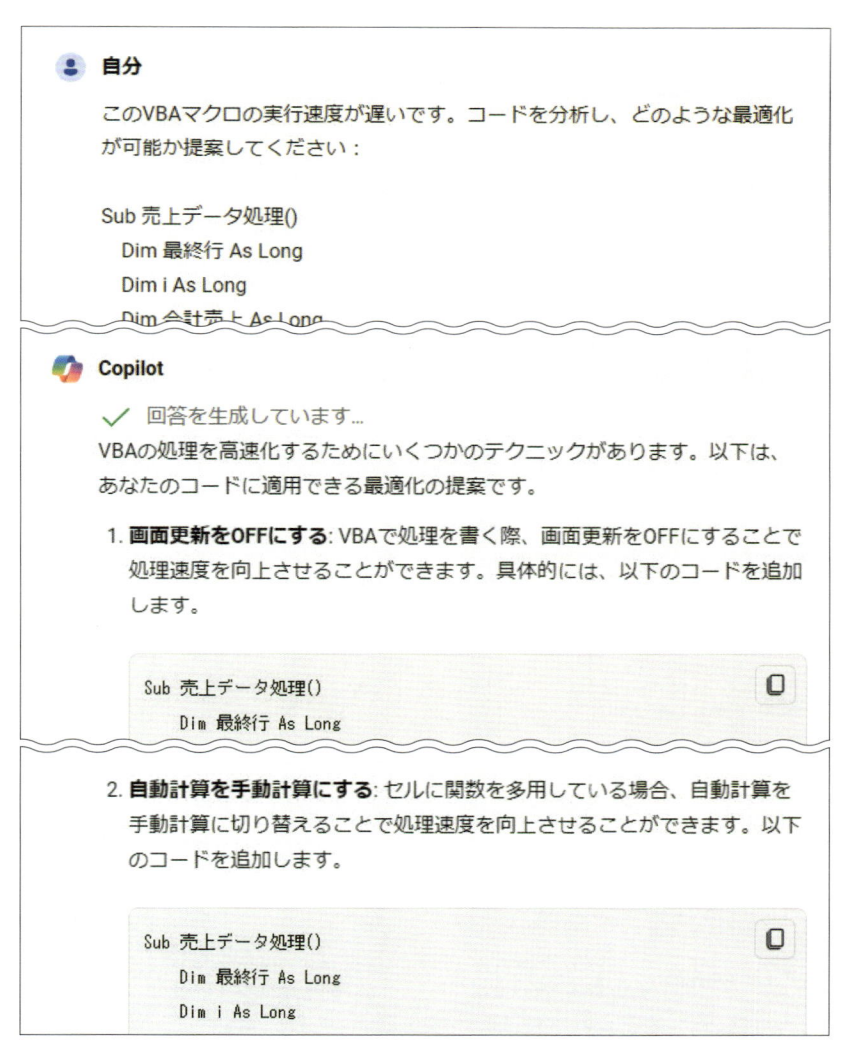

ので、どのように最適化したらよいか、実際のコードを貼り付けて質問しました。すると、コードの内容をチェックしたうえで、「画面更新をOFFにする」「自動計算を手動計算にする」といった改善案を提案してくれました。

自分

このVBAマクロの実行速度が遅いです。コードを分析し、どのような最適化が可能か提案してください：

```
Sub 売上データ処理()
    Dim 最終行 As Long
    Dim i As Long
    Dim 合計売上 As Long
```

Copilot

✓ 回答を生成しています…

VBAの処理を高速化するためにいくつかのテクニックがあります。以下は、あなたのコードに適用できる最適化の提案です。

1. **画面更新をOFFにする**: VBAで処理を書く際、画面更新をOFFにすることで処理速度を向上させることができます。具体的には、以下のコードを追加します。

```
Sub 売上データ処理()
    Dim 最終行 As Long
```

2. **自動計算を手動計算にする**: セルに関数を多用している場合、自動計算を手動計算に切り替えることで処理速度を向上させることができます。以下のコードを追加します。

```
Sub 売上データ処理()
    Dim 最終行 As Long
    Dim i As Long
```

図1 コードの改善案を聞いた例。Copilotからさまざまなアドバイスをもらうことができる

第7章 Copilotにマクロ(VBA)を作らせる

Section 05 デバッグ（動作確認）の方法を知っておこう

Copilotが提案したVBAコードを実行する際、エラーや予期しない動作が発生することがあります。そのような状況に対処するために、動作確認の方法を知っておくことも大切です。プログラミングでは、動作確認をして不具合（バグ）を修正していくことを「デバッグ」といいます。ここでは、VBAのデバッグに役立つ「ステップイン」と「ブレークポイント」の使い方を具体的に解説します。

ステップイン（1行ずつコードを実行する）

「ステップイン」は、コードを1行ずつ実行しながら動作を確認するデバッグ方法です。これにより、どの行で問題が発生しているのかを特定しやすくなります。ステップインを使用するには、VBEで「デバッグ」メニューの「ステップイン」を選ぶか、「F8」キーを押します（**図1**）。

お勧めは「F8」キーを使う方法です。「F8」キーを押すたびに、1行ずつコード

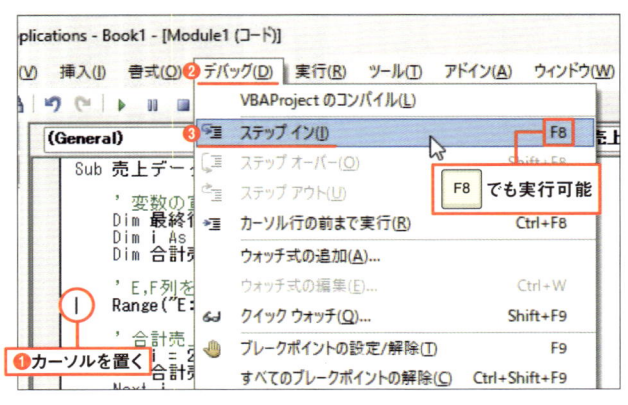

図1 コードを1行ずつ実行して動作を確認するには、コード内にカーソルを置いて（①）、「デバッグ」メニューの「ステップイン」を選ぶ（②③）。「F8」キーでも実行できるので、「F8」キーを使うほうが簡単だ

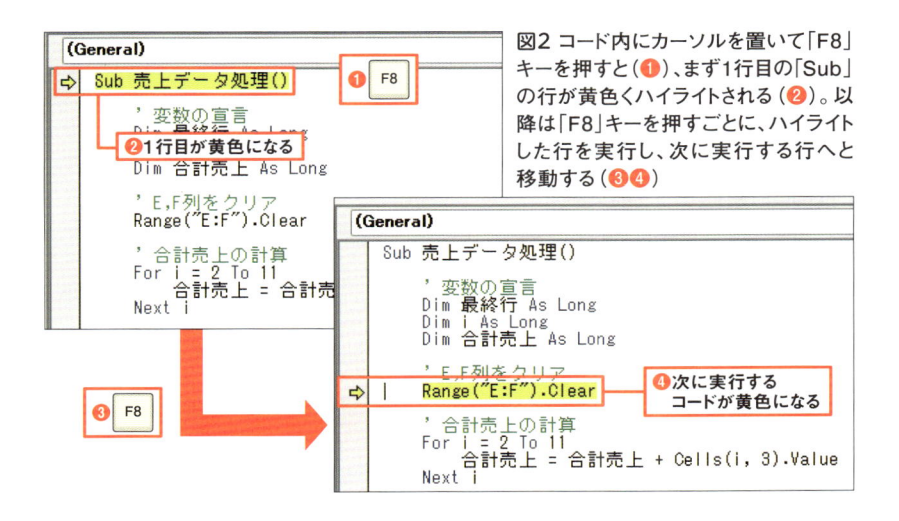

図2 コード内にカーソルを置いて「F8」キーを押すと（❶）、まず1行目の「Sub」の行が黄色くハイライトされる（❷）。以降は「F8」キーを押すごとに、ハイライトした行を実行し、次に実行する行へと移動する（❸❹）

を実行できるので、順番に動作を確認できます（**図2**）。このとき、実行したいプロシージャの「Sub」～「End Sub」の間に、カーソルを置いておく必要がある点に注意してください。

なお、コメント（先頭に「'」を入れた行）や変数の宣言（「Dim」で始まる行）は、ステップインの対象外です。

便利なのは、ステップインの実行中、変数に格納されている値を確認できることです。変数名にマウスポインターを合わせると、その時点での変数の値がポップアップ表示されます（**図3**）。

ステップイン中は、最後の「End Sub」のコードを終えるまで、ずっと1行ずつコー

第7章

Copilotにマクロ（VBA）を作らせる

```
       ' 合計売上の計算
    For i = 2 To 11
          合計売上 = 合計売上 + Cells(i, 3).Value
⇨   Next i              合計売上 = 5000

       ' セルに書き込む
    Range("E1").Value = "合計売上"
    Range("E2").Value = 合計売上

       ' メッセージボックスの表示
    MsgBox "処理が完了しました。"
```

図3 ステップインの実行中、変数名にマウスポインターを合わせると、その変数に現在入っている値を確認できる

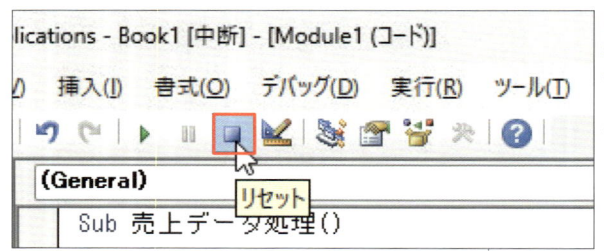

図4 ステップインによる動作確認を途中で止めるには、ツールバーにある「リセット」ボタンをクリックする

ドを実行します。もし、途中で実行を終えたい場合は、ツールバーの「リセット」ボタンをクリックします（**図4**）。

ブレークポイント（特定の行でコードを止める）

　「ブレークポイント」は、特定の行でコードの実行を一時停止させる機能です。これにより、エラーや不具合が発生する直前の状態を調査しやすくなります。

　ブレークポイントを設定するには、停止させたい行の左側の灰色部分をクリックします（**図5**）。すると、その行にブレークポイントが設定され、左側に茶色の丸印

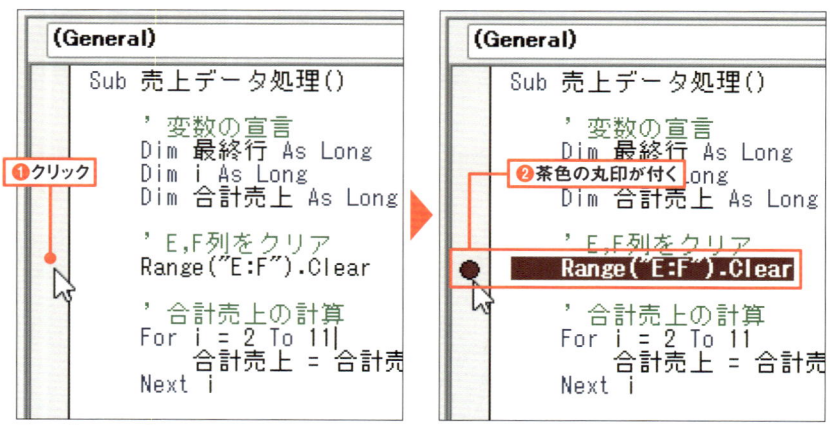

図5 ブレークポイントを設定するには、コードの左側にある灰色の部分をクリックする（❶）。すると、そこに茶色の丸印が付くとともに、行全体が茶色で表示される（❷）

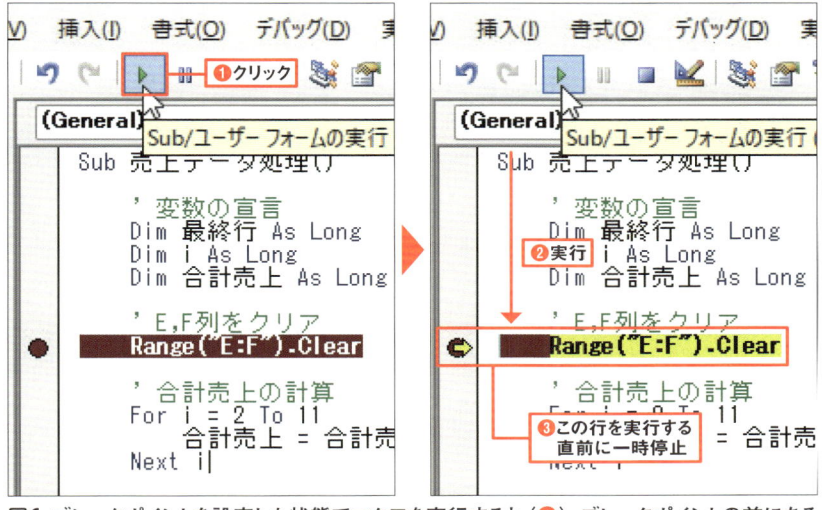

図6 ブレークポイントを設定した状態でマクロを実行すると（❶）、ブレークポイントの前にある
コードは通常のように実行（❷）。ブレークポイントの行を実行する直前に一時停止する（❸）

が付くとともに、行全体が茶色でハイライトされます。その状態でマクロを実行す
ると、ブレークポイントを設定した行の前までは通常のように一気に実行したうえ
で、その行のコードが実行される直前で処理が一時停止します（**図6**）。

　ステップインの実行中と同様、その行が黄色くハイライトされ、「F8」キーを押せ
ば、そこから1行ずつ実行を進めることもできます。

　このように、「ステップイン」や「ブレークポイント」を活用することで、Copilotが
提案したVBAコードの動作を詳細に確認し、エラーや予期しない動作の原因を
特定しやすくなります。VBAのデバッグスキルを身に付けることで、より効率的に
マクロを作成・修正できるようになるでしょう。

第7章
Copilotに
マクロ（VBA）を作らせる

Section 06 エラー解決のための Copilot活用法

　VBAでマクロを作成する際、エラーに遭遇することは珍しくありません。エラーの原因を特定し、適切な解決策を見つけることは、プログラミングスキルの重要な要素です。Copilotは、このようなエラー解決のプロセスを支援する強力なツールとなります。ここでは、エラーが発生した際にCopilotと対話しながら問題を解決する方法を紹介します。

エラーメッセージを確認する

　実行したマクロでエラーが発生すると、**図1**のような画面でエラーメッセージが表示されます。このような画面が表示された場合は、エラーコード（番号）やメッセージをメモしたうえで、「デバッグ」ボタンをクリックしましょう。すると、エラーによって停止した時点のコードがハイライトされたまま一時停止状態になります（**図2**）。多くの場合、ハイライトされた行の周辺にエラーの原因があります。図2の例では「Sheets("売上データ").Select」という行のあたりでエラーが起きていることがうかがえます。

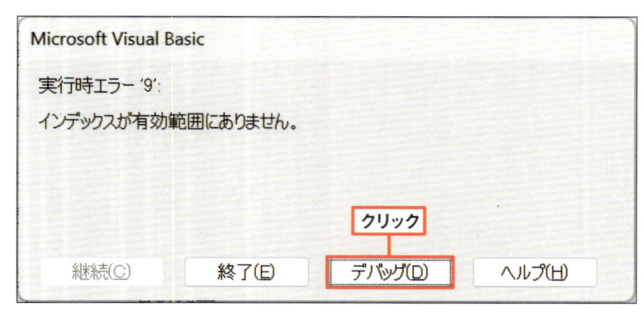

図1 VBAコードを実行したときに発生したエラーの例。エラーコード（番号）とエラーの理由が簡単に示される。「デバッグ」ボタンをクリックすると、問題のコードを確認できる

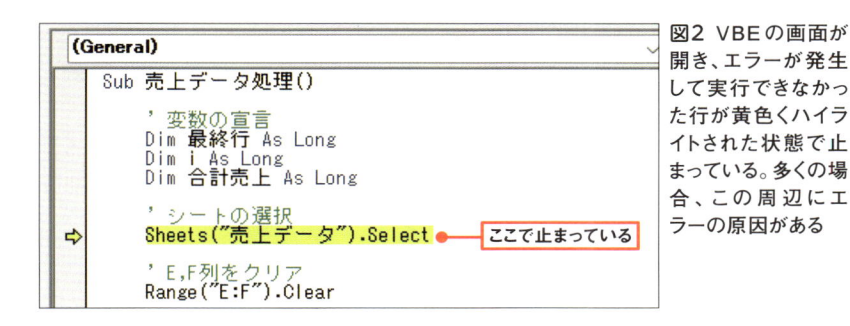

図2 VBEの画面が開き、エラーが発生して実行できなかった行が黄色くハイライトされた状態で止まっている。多くの場合、この周辺にエラーの原因がある

Copilotへの質問方法

　Copilotにエラーについて効果的に質問するためには、以下の情報を含めることが重要です。

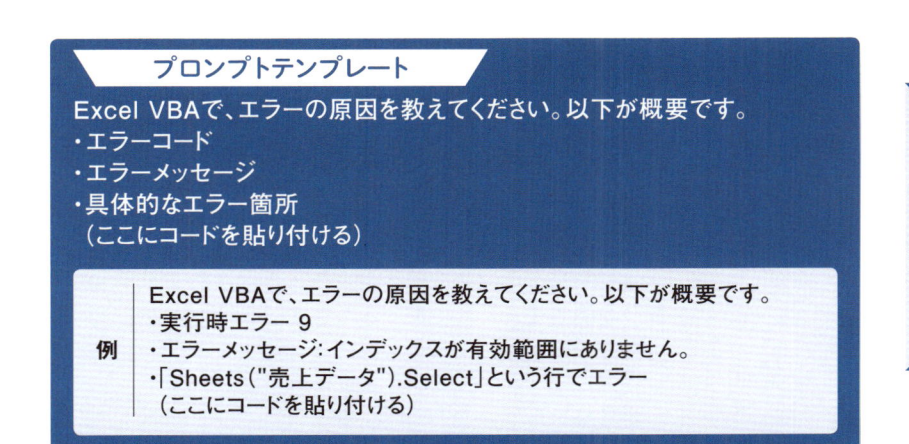

プロンプトテンプレート

Excel VBAで、エラーの原因を教えてください。以下が概要です。
・エラーコード
・エラーメッセージ
・具体的なエラー箇所
（ここにコードを貼り付ける）

例
Excel VBAで、エラーの原因を教えてください。以下が概要です。
・実行時エラー 9
・エラーメッセージ：インデックスが有効範囲にありません。
・「Sheets("売上データ").Select」という行でエラー
（ここにコードを貼り付ける）

　上記の例は、先ほどの図1、図2に即した質問です。このように、エラーコード、エラーメッセージ、具体的なエラー箇所、そしてコード全文をプロンプトに加えることで、Copilotはより正確にエラーの原因を分析し、適切な解決策を提案することができます。

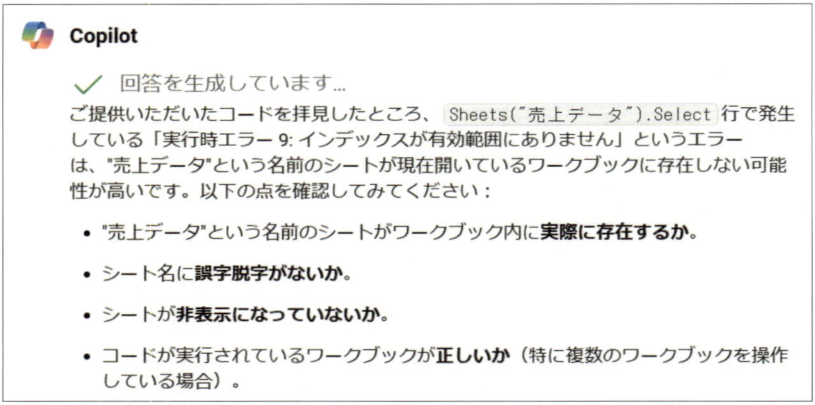

図3 図1、図2のエラーについてCopilotに質問すると、このように回答した。エラーの原因について、いくつかの候補を挙げてくれている

今回の例では、Copilotは**図3**のように回答し、エラーの原因を指摘してくれました。

「Sheets("売上データ").Select」というコードは、「売上データ」という名前のシートを選択する操作を行います。Copilotは、このコードがエラーになり得る原因として、①「売上データ」というシートが存在しない、②シート名が間違っている、③シートが非表示になっている、④実行対象としているブックが異なっている──という4つを挙げています。いずれも、操作対象の「売上データ」シートを特定できないために、操作を実行できなくなっているのではないか、と推測しているわけです。

このようなときは、実際のシート名やシートの状態を確認することで、問題を特定し、解決できるでしょう。例えば、実際のシート名が「売り上げデータ」だった場合は、シート名を「売上データ」に変更するか、エラーになったコードを「Sheets("売り上げデータ").Select」に変更すればよいでしょう。

よくあるVBAのエラー例

本節では、エラーに対処するときの参考になるように、VBAでよく発生するエラーとそのサンプルコードを一覧にまとめました。ここで主なエラーの種類、エラーコード、そのコード例を確認しておいてください。

❶ インデックスが有効範囲にありません。

エラーコード: 実行時エラー 9

> Microsoft Visual Basic
>
> 実行時エラー '9':
>
> インデックスが有効範囲にありません。
>
> 継続(C)　　終了(E)　　デバッグ(D)　　ヘルプ(H)

```
Sub エラー例1()
    Sheets(5).Activate ←─ 存在しないシート番号を指定した
End Sub
```

このエラーは、存在しないシートやセルを指定したときに発生します。上記のコードでは、「Sheets(5)」という部分で「5番目のシート」を指定しています。かっこ内の数字が「○番目」を表します。このマクロを、ブックに3つしかシートがない状態で実行すると、5番目のシートは存在しないのでエラーになります。そして、「指定した番号（インデックス）が有効な範囲を超えている」いう意味で、上記のようなエラーメッセージを表示します。解決するには、まずブック内のシート数を確

第7章 Copilotにマクロ（VBA）を作らせる

認し、正しいシート番号を指定しましょう。

❷ 0で除算しました。

　　エラーコード: 実行時エラー 11

```
Sub エラー例2()
    Dim x As Integer
    x = 10 / 0 ←         「0」で割っている
End Sub
```

Microsoft Visual Basic

実行時エラー '11':

0 で除算しました。

| 継続(C) | 終了(E) | デバッグ(D) | ヘルプ(H) |

　このエラーは、0で数値を割ろうとしたときに発生します。数学的に0での除算は定義されていないため、エラーになります。

　セルの計算でも、「=10/0」という数式をセルに入力すると、「#DIV/0!」というエラーが表示されますね。これと同じエラーです。

❸ 型が一致しません。

　　エラーコード: 実行時エラー 13

```
Sub エラー例3()
    Dim num As Integer
    num = "文字列" ←         数値型の変数に文字列を代入した
End Sub
```

> Microsoft Visual Basic
>
> 実行時エラー '13':
> 型が一致しません。
>
> 継続(C)　　終了(E)　　デバッグ(D)　　ヘルプ(H)

このエラーは、互換性のない型同士の代入や演算を行おうとしたときに発生します。上記の例では、最初に変数「num」を数値型（Integer）で宣言しているにもかかわらず、次の行で文字列を代入しています。これにより型の不一致が生じ、エラーになります。

❹ オブジェクト変数またはWithブロック変数が設定されていません。

エラーコード: 実行時エラー 91

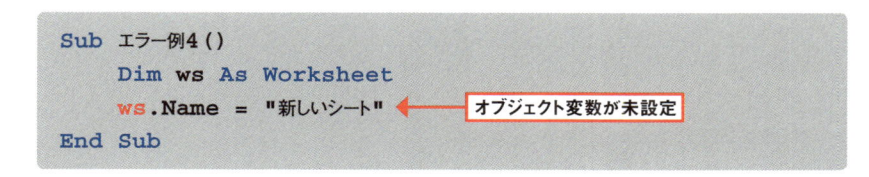

```
Sub エラー例4()
    Dim ws As Worksheet
    ws.Name = "新しいシート"    ← オブジェクト変数が未設定
End Sub
```

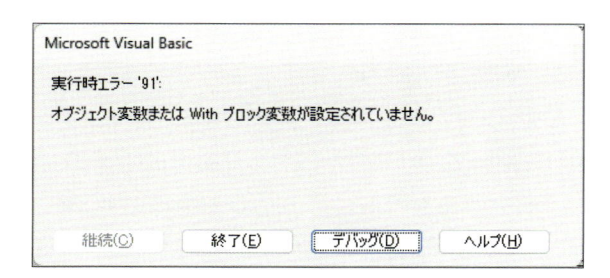

> Microsoft Visual Basic
>
> 実行時エラー '91':
> オブジェクト変数または With ブロック変数が設定されていません。
>
> 継続(C)　　終了(E)　　デバッグ(D)　　ヘルプ(H)

このエラーは、初期化されていないオブジェクト変数を使用しようとしたときに発生します。オブジェクトを使う前には、必ず「Setステートメント」でオブジェクトを

割り当てる必要があります。上記の例では、ワークシートを扱うオブジェクト変数として「ws」を宣言していますが、この変数「ws」に具体的なシートを割り当てる前に、その名前を変更しようとしているため、エラーになります。その前に、

```
Set ws = Sheets(1)
```

のようにSetステートメントを使ってシートを割り当てるコードを記述する必要があります。

❺ オブジェクトは、このプロパティまたはメソッドをサポートしていません。

エラーコード: 実行時エラー 438

```
Sub エラー例5()
    ActiveSheet.Cells.FontSize = 15 ← 誤ったプロパティ名を指定
End Sub
```

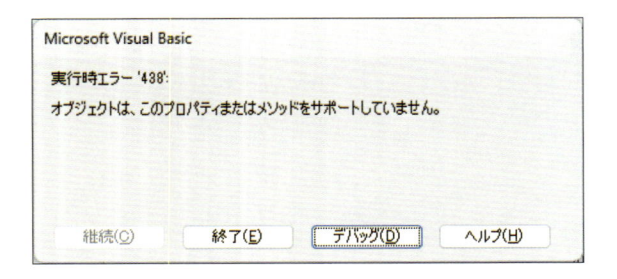

このエラーは、オブジェクトに存在しないプロパティやメソッドを使用しようとしたときに発生します。多くの場合、スペルミスや誤った使用方法が原因です。解決するには、使っているプロパティやメソッドが正しいか、その使い方が適切かを確認しましょう。

上記の例では、Cellsオブジェクトに存在しない「FontSize」というプロパティを指定したため、エラーになります。正しくは「Font.Sizeプロパティ」なので、

「ActiveSheet.Cells.Font.Size = 15」のように記述する必要があります。

❻ アプリケーション定義またはオブジェクト定義のエラーです。

　エラーコード: 実行時エラー 1004

```
Sub エラー例6()
    Cells(1, 0).Value = 200          ← 列番号「0」は存在しない
    Cells(2000000, 1).Value = 300    ← 最大行数を超えている
End Sub
```

Microsoft Visual Basic

実行時エラー '1004':

アプリケーション定義またはオブジェクト定義のエラーです。

継続(C)　　　終了(E)　　　デバッグ(D)　　　ヘルプ(H)

　このエラーは、Excel特有の操作で問題が発生したときに表示されます。存在しないオブジェクトやプロパティにアクセスしようとした場合や、メソッドに無効な引数を渡した場合などに発生します。

　上記のコードでは、「Cells」キーワードに列番号「0」や行番号「2000000」を指定しています。Excelの列番号は1から始まり、最大行数は104万8576行です。そのため、指定した値が有効範囲外となり、エラーになります。

　この例のように、列番号「0」などと直接指定するミスは犯しにくいかもしれませんが、変数を使用して列番号を指定する場合に、変数に値を入れ忘れて初期値の「0」で処理されてしまったり、繰り返し処理において変数が意図せず範囲外の値になったりすることもあるので注意が必要です。

Copilotによる
マクロ作成のアイデア集

Excelでは、さまざまな処理を効率的に行うために、マクロが威力を発揮します。特に、以下のようなシーンでは、マクロを作成するのがお勧めです。

●複数のシート、複数のブックを連続で処理したい場合

複数のシートや複数のブックに対して同じ処理を行う場合、マクロを使うことで作業を自動化できます。手動で行うと膨大な時間がかかるうえ、ミスが発生するリスクもありますが、マクロを使えば短時間で正確に処理を完了できます。

●ユーザー定義関数を作成したい場合

「ユーザー定義関数」とは、Excel VBAを用いて自分で作成するオリジナルの関数のことです。Excelの標準機能では実現できない計算や処理を、ユーザー定義関数として作成することで自動化できます。一度作成すれば、SUM関数などと同様に、数式に関数名を入れて呼び出すだけで使用できます。何度でも繰り返し使えるため、作業の効率化につながります。

これらのシーンでは、Excelがもともと備える機能だけでは実現が難しいですが、マクロを作成することで、より効率的に処理を行うことができます。

本節では、Copilotを活用して、これらのシーンで役立つマクロを作成するアイデアを紹介します。

❶すべてのシート名の先頭に申請日を付ける

図1上のようなブック内に経費申請書のシートをまとめているが、数が増えてし

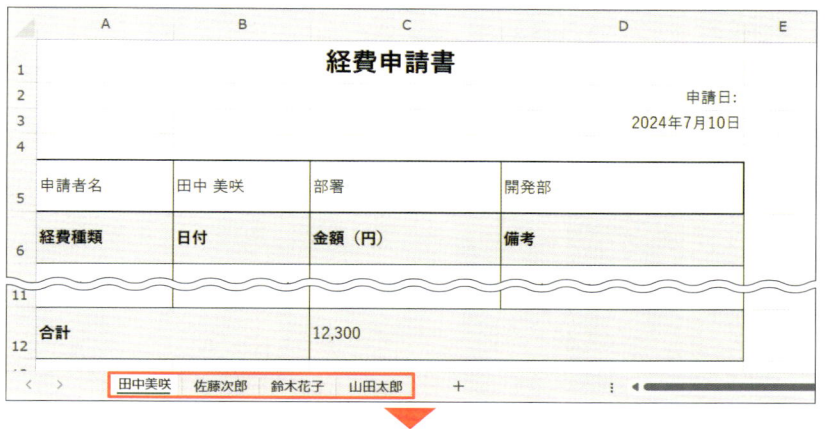

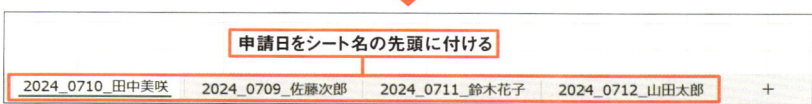

図1 同じひな型で作られた複数の申請書シートを束ねたブックがある（上）。このシート名の頭に、セルD3に記入された申請日を基にした「2024_0710_」のような文字列を追加したい（下）。マクロを使って一括処理してみよう

まい、乱雑に散らかっている。順番もばらばらに……。そんなときは、マクロを使ってシート名をわかりやすく一括変更してはどうでしょう。このブックでは、どのシートにも、セルD3に申請日が入力されています。この日付を取得して、シート名を「2024_0710_田中美咲」のように変更します。1枚ずつシート名を変更するのは大変な作業ですが、マクロを使えば全自動で一括処理できます（**図1下**）。

　この例では、Copilotに次のような指示を与えることで、必要なVBAコードを生成できます。

プロンプト

Excelで以下のマクロを作成してください。
・すべてのシートのセルD3の日付を取得する。
・すべてのシート名の先頭にYYYY_MMDD_形式で付加する。
・例えば「2024_0710_田中美咲」とする。

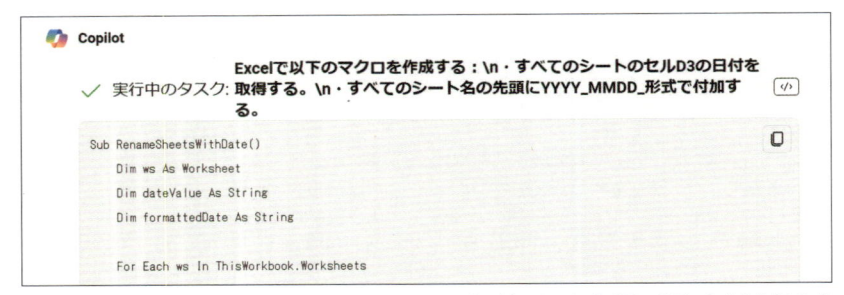

図2 Copilotが生成したコードをコピーしてVBEに貼り付ければ、実行して図1のような操作を自動化できる

先ほどのプロンプトによりCopilotが生成したコードをコピーして、VBEに貼り付けましょう（**図2**）。すると図1の処理を自動で行うことができます。

❷シートをグループ化して色を付ける

ブック内に、プロジェクト管理のためのさまざまなシートを作成している。企画、開発、テスト、運用と工程が進むにつれてシートの数が増え、関連するシートを探すのに時間がかかるようになってきた……。こんなケースでは、シートの内容に基

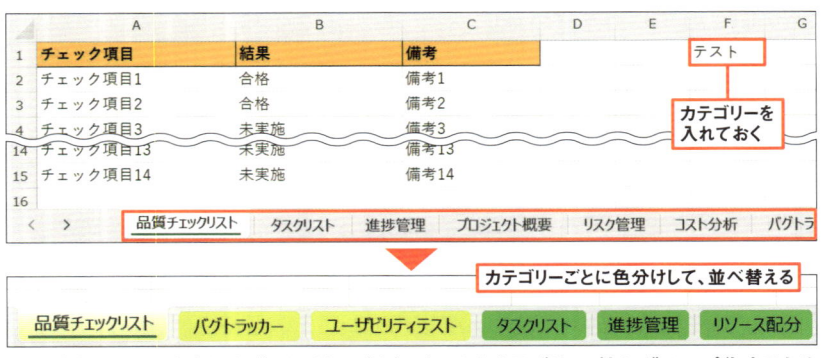

図3 多数のシートを束ねたブックがある（上）。シートをカテゴリーごとにグループ化するために、各シートのセルF1にカテゴリー名を入力した。これを基に、カテゴリーごとにシート見出しを色分けし、同じカテゴリーのシートがまとまるようにシートを並べ替えよう（下）

づいて自動的にグループ化するマクロが役立ちます。

　図3の例では、シートをカテゴリー別にグループ化するために、各シートのセルF1にカテゴリー名（「企画」「開発」「テスト」「運用」など）を入力してあります。このカテゴリーに基づいて、シートの見出しを自動で色分けし、さらにカテゴリーごとにシートが並ぶようにしてみましょう。

　次のような指示をCopilotに与えると、VBAコードを生成してくれます（**図4**）。このコードを利用することで、図3のような処理を自動で行うことができます。

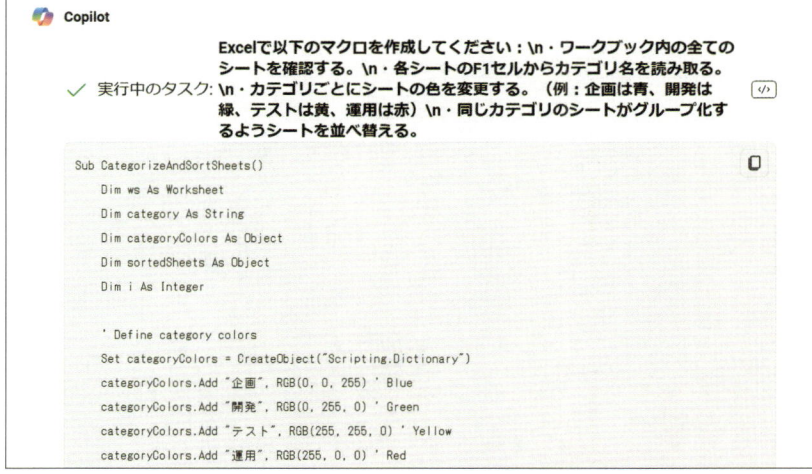

> **プロンプト**
>
> Excelで以下のマクロを作成してください:
> ・ワークブック内のすべてのシートを確認する。
> ・各シートのセルF1からカテゴリー名を読み取る。
> ・カテゴリーごとにシートの色を変更する。
> 　（例：企画は青、開発は緑、テストは黄、運用は赤）
> ・同じカテゴリーのシートがグループ化するようにシートを並べ替える。

Copilot

> Excelで以下のマクロを作成してください：\n・ワークブック内の全てのシートを確認する。\n・各シートのF1セルからカテゴリ名を読み取る。
> ✓ 実行中のタスク：\n・カテゴリごとにシートの色を変更する。（例：企画は青、開発は緑、テストは黄、運用は赤）\n・同じカテゴリのシートがグループ化するようにシートを並べ替える。

```
Sub CategorizeAndSortSheets()
    Dim ws As Worksheet
    Dim category As String
    Dim categoryColors As Object
    Dim sortedSheets As Object
    Dim i As Integer

    ' Define category colors
    Set categoryColors = CreateObject("Scripting.Dictionary")
    categoryColors.Add "企画", RGB(0, 0, 255) ' Blue
    categoryColors.Add "開発", RGB(0, 255, 0) ' Green
    categoryColors.Add "テスト", RGB(255, 255, 0) ' Yellow
    categoryColors.Add "運用", RGB(255, 0, 0) ' Red
```

図4 Copilotが生成したコードをコピーしてVBEに貼り付けて実行する。すると、図3のような操作を自動化できる

　複数のシートに散らばったデータの中に、空白セルや重複データがある場合、マクロを作成してエラーを修正すると便利です。例えば、**図5**のように、各シートの売上データに空白セルや重複データがある場合、マクロを使って特定し、修正できます。このような複雑な処理も、Copilotに頼んでVBAコードを書いてもらえば、全自動で処理できるようになります。

　次ページのようなプロンプトをCopilotに与えることで、必要なVBAコードを生成できます。ポイントは、各シートにあるデータの内容を「項目名（伝票番号、日付、商品名、数量、売上金額）」のように明示したうえで、やりたいことを明確に指示することです（**図6**）。やりたいことについては、「以下の処理を行うVBAコードを書いてください」と入力した後に、空白に関する処理と、重複データに関する処理をそれぞれ分けて記入します。

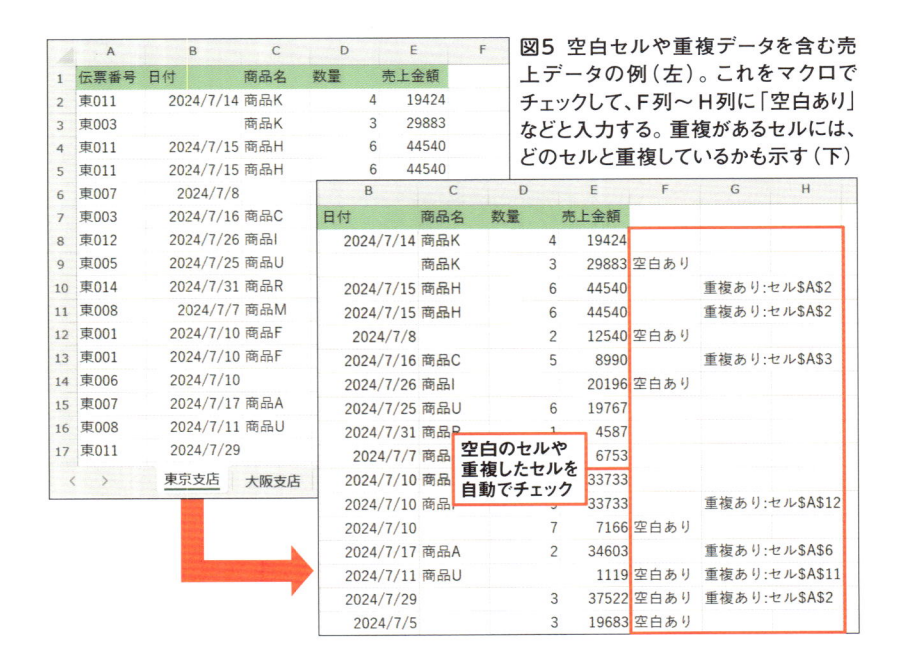

図5 空白セルや重複データを含む売上データの例（左）。これをマクロでチェックして、F列〜H列に「空白あり」などと入力する。重複があるセルには、どのセルと重複しているかも示す（下）

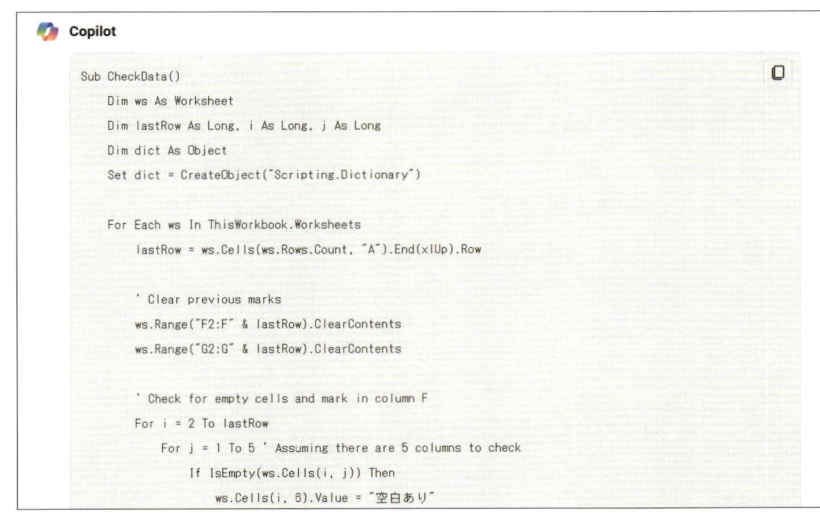

```
Copilot

Sub CheckData()
    Dim ws As Worksheet
    Dim lastRow As Long, i As Long, j As Long
    Dim dict As Object
    Set dict = CreateObject("Scripting.Dictionary")

    For Each ws In ThisWorkbook.Worksheets
        lastRow = ws.Cells(ws.Rows.Count, "A").End(xlUp).Row

        ' Clear previous marks
        ws.Range("F2:F" & lastRow).ClearContents
        ws.Range("G2:G" & lastRow).ClearContents

        ' Check for empty cells and mark in column F
        For i = 2 To lastRow
            For j = 1 To 5 ' Assuming there are 5 columns to check
                If IsEmpty(ws.Cells(i, j)) Then
                    ws.Cells(i, 6).Value = "空白あり"
```

図6 Copilotが生成したコードの例。それなりに長いコードになるが、そのままVBEにコピペして利用すればよい。

❹ **特殊なフォーマットのデータを日付に変換する**

　アプリやシステムによって、日付を扱うときのフォーマットが異なることがあります。例えば、「July 08, 2024 at 10:35AM」「7_08_2024_1035」「2024-07-08T10:35:00」「08/07/24 10.35」といったさまざまなフォーマットの日付データがあり、それらをすべて「2024/07/08」のような一般的な形式に変換したいという

場面は少なくありません。

　こうした変換処理も、Copilotを使ってVBAコードを生成すれば、自動でできるようになります。マクロを作成して処理することもできますが、ここでは「ユーザー定義関数」を作成して利用することにしましょう。

　VBAを使うと、セルに入力するワークシート関数と同じように使えるオリジナルの関数を作ることができます。それがユーザー定義関数です。例えば、消費税を計算するための「消費税計算」というユーザー定義関数を自作すれば、セルに「=消費税計算（A1）」のような関数式を入力するだけで、セルA1の値を基に消費税を計算できるようになります。

　ユーザー定義関数は、SUM関数などと同様に数式でセルを参照できるので、処理する対象のセルが限定されないのが利点です。B列を処理するマクロを作成すると、B列以外のデータを処理するには、コードを書き変えなければなりません。一方、ユーザー定義関数なら、処理したいセルを引数に指定すればよいので、対象がどこにあっても利用できます。**図7**では、C列にB列を参照するユーザー定義関数を入力して、フォーマットの変換を実現しています。

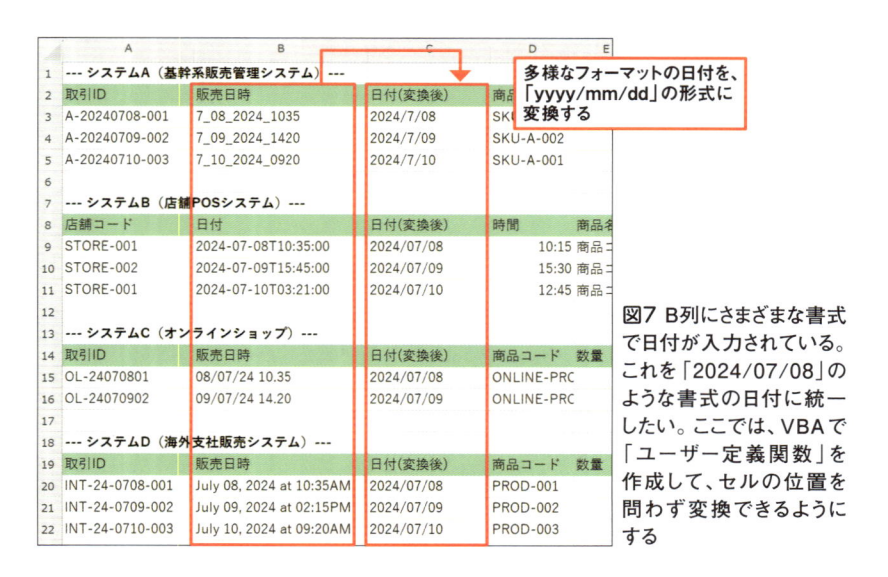

図7 B列にさまざまな書式で日付が入力されている。これを「2024/07/08」のような書式の日付に統一したい。ここでは、VBAで「ユーザー定義関数」を作成して、セルの位置を問わず変換できるようにする

　Copilotにコードの生成を依頼するときは、「ユーザー定義関数を作成してください」と指示しましょう。ここでは、次のようなプロンプトを与えました。

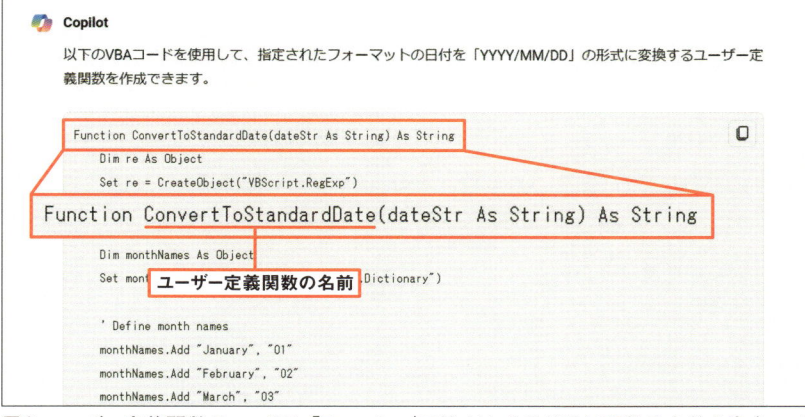

プロンプト

以下のフォーマットのデータはExcel上では日付として認識されません。すべて「2024/07/08」のような日付に変換するようなユーザー定義関数を作成してください。

July 08, 2024 at 10:35AM
7_08_2024_1035
2024-07-08T10:35:00
08/07/24 10.35

🔶 **Copilot**

以下のVBAコードを使用して、指定されたフォーマットの日付を「YYYY/MM/DD」の形式に変換するユーザー定義関数を作成できます。

```
Function ConvertToStandardDate(dateStr As String) As String
    Dim re As Object
    Set re = CreateObject("VBScript.RegExp")
```

```
Function ConvertToStandardDate(dateStr As String) As String
```

```
    Dim monthNames As Object
    Set mont    ユーザー定義関数の名前  Dictionary")

    ' Define month names
    monthNames.Add "January", "01"
    monthNames.Add "February", "02"
    monthNames.Add "March", "03"
```

図8 ユーザー定義関数のコードは、「Function」で始まり、その後ろに関数の名前を書く。つまり図のコードでは、「ConvertToStandardDate」という名前の関数を定義している

　すると、CopilotがVBAコードを生成してくれます（**図8**）。
　ユーザー定義関数のコードは、「Sub」ではなく、「Function」で始まります。そのすぐ後ろにあるのが関数名です。図8では、「ConvertToStandardDate」という名前の関数が定義されています。このコード全体をコピーして、VBEのコードウインドウに貼り付ければ、ユーザー定義関数として使えるようになります。

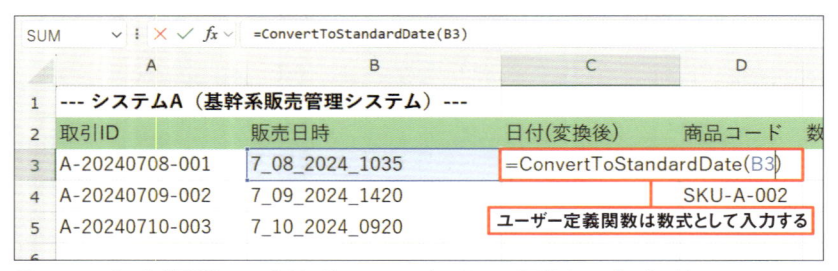

図9 ユーザー定義関数の入力例。「Function」の後ろの関数名を、「＝」に続けて入力し、引数に処理対象のセルを指定する。「Enter」キーで式を確定すると、VBAのコードが実行され、標準形式の日付データに変換される

　セルに関数式を入れるときのように「＝」に続けてこの関数名を入力し、処理対象の日付文字列を引数に指定すれば、このユーザー定義関数を実行できます。例えば、セルB3を処理する数式は、

```
=ConvertToStandardDate(B3)
```

のように入力します（**図9**）。この数式をセルC3に入力し、B列の各日付データに対応するC列のセルにコピーすることで、すべての日付を「2024/07/08」のような標準形式に変換できます。

>  **memo**
>
> 　複雑なコードの生成を指示した場合、Copilotは「Python」という別のプログラミング言語のコードを提示することがあります。その場合は、「VBAで出力してください」などと追加の指示を出して、VBAのコードを出力させてください。

❺置換リストを基に文字列を一括置換

　部署コードや地域コードといったコードを、より理解しやすい日本語表記に変換したい場合があります。例えば、「SAL-TKY-2023-Q2」というコードを「営業

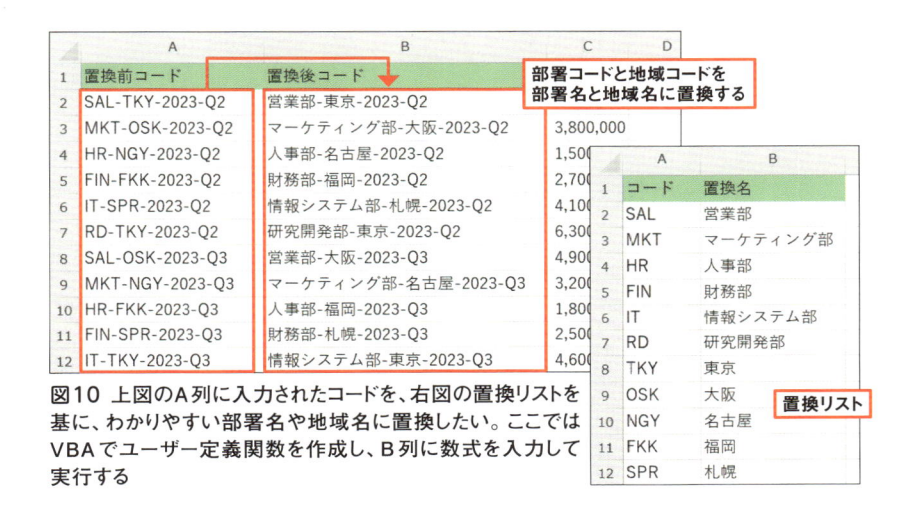

図10 上図のA列に入力されたコードを、右図の置換リストを基に、わかりやすい部署名や地域名に置換したい。ここではVBAでユーザー定義関数を作成し、B列に数式を入力して実行する

部-東京-2023-Q2」に変換するような例です。こうした変換を効率的に行うためには、別シートに用意した置換リストを参照するユーザー定義関数を作るのが便利です（**図10**）。

　この置換リストを参照して変換を行うユーザー定義関数を、Copilotを使って作成してみましょう。次のようなプロンプトを与えると、Copilotはコードを生成してくれます。置換リストの一部をプロンプトに貼り付けて、具体的な処理のパターンを考えてもらいます。

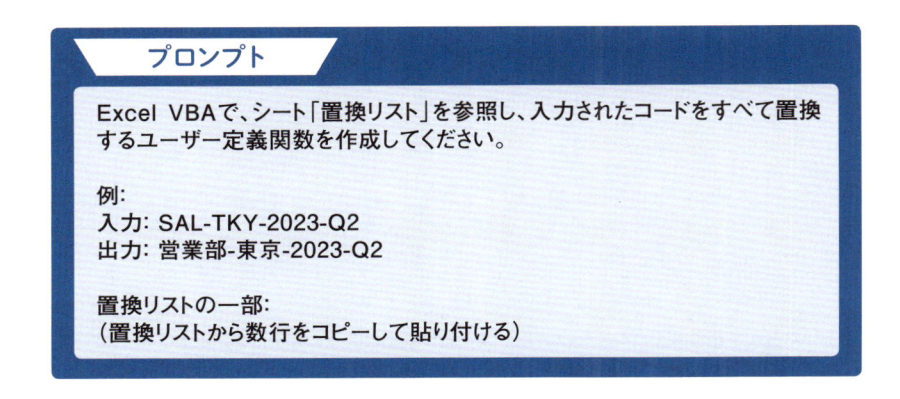

プロンプト

Excel VBAで、シート「置換リスト」を参照し、入力されたコードをすべて置換するユーザー定義関数を作成してください。

例:
入力: SAL-TKY-2023-Q2
出力: 営業部-東京-2023-Q2

置換リストの一部:
（置換リストから数行をコピーして貼り付ける）

memo

　社内データをCopilotに貼り付けたくない場合は、実際のデータと同じ形式のダミーデータを作成して使用してください。これにより、機密情報を保護しつつ、必要な機能を持ったコードを生成することができます。

　Copilotに前ページのプロンプトを与えると、VBAコードを生成してくれます（**図11**）。このコードをVBEに貼り付ければ、ユーザー定義関数として使えるようになります。例えば、セルA2を処理する数式は、

```
=ReplaceCode(A2)
```

のように入力すればOKです（**図12**）。入力して「Enter」キーを押すと、ユーザー定義関数が実行されて「営業部-東京-2023-Q2」という結果が表示されます。この式をB列の対象セル全体にコピーすれば、A列のコードすべてを一気に変換することが可能です。

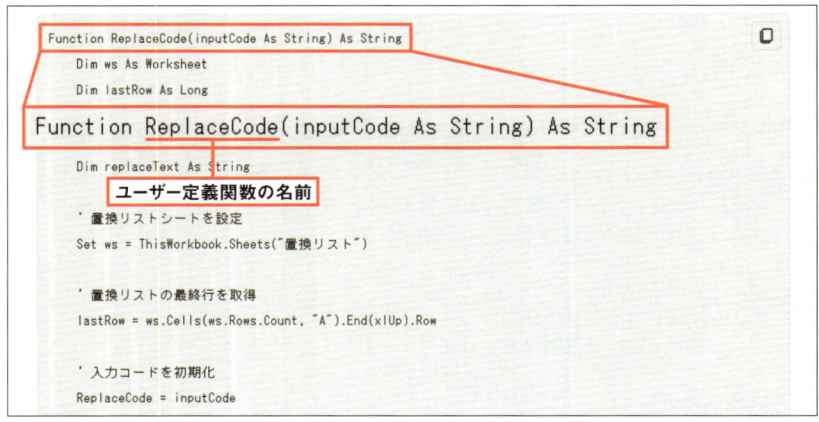

図11 Copilotが生成したコードの一部。「Function」の後ろにある「ReplaceCode」がユーザー定義関数の名前だ

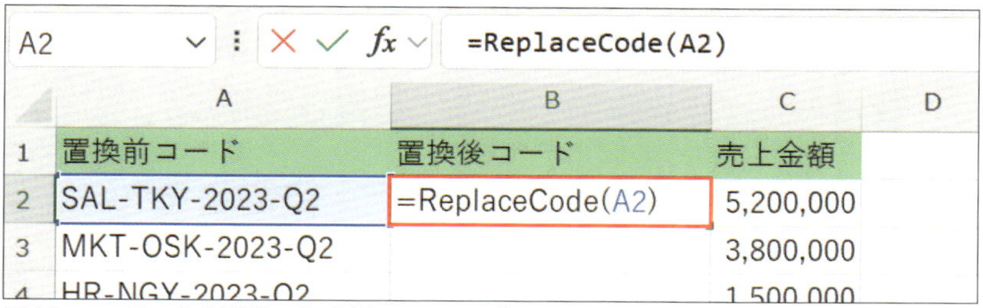

図12 ユーザー定義関数の入力例。セルB2に「=ReplaceCode（A2）」と入力し、確定すると、図10のように「営業部-東京-2023-Q2」へと変換される

ユーザー定義関数を人に渡すときの注意点

　ユーザー定義関数を含むワークシートをほかの人に渡す場合、相手の環境に同じユーザー定義関数が存在するとは限りません。関数が存在しない状態でワークシートを開くと、正しい結果が得られなかったり、エラーが表示されたりしてしまいます（次ページ**図13**）。

　このようなエラーを防ぐためには、3つの方法があります。

1. ユーザー定義関数を「マクロ有効ブック」に保存し、そのブックを共有する

2. ユーザー定義関数の結果をコピーして「値」として貼り付けて上書きする

3. マクロを「アドイン」としてパッケージ化し、共有する

　1つめは、ユーザー定義関数を含むExcelファイルをマクロ有効ブック（.xlsm）として保存して共有します。このブックを開いた状態なら、共有した相手も同じユーザー定義関数を利用でき、関数の更新や修正が容易であるというメリットがあります。しかし、マクロ有効ブックはセキュリティ上懸念される職場が多く、受け取る側のExcelでマクロが無効になっていると関数が動作しない可能性があるというデメリットがあります。

　2つめは、ユーザー定義関数の結果をコピーして「値」として貼り付けて上書きする方法です。つまり、マクロの処理結果だけを残します。そのため、通常の

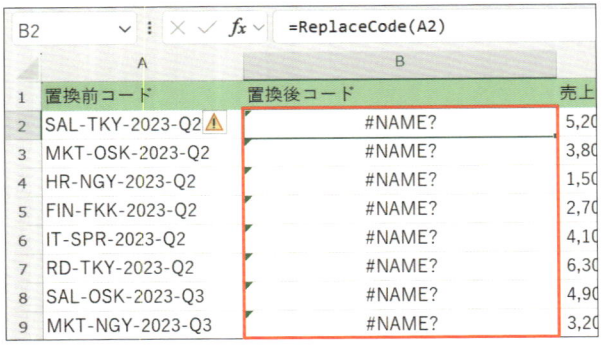

図13 ユーザー定義関数を使用したブックを、ユーザー定義関数が保存されていない環境で開くと、「＃NAME?」エラーになる

Excelブック（.xlsx）として共有できます。マクロ有効ブックとして共有するのに比べてセキュリティ上の懸念が少なく、受け取る側の環境に関係なく処理結果を正しく表示できるメリットがあります。一方で、元のユーザー定義関数が保存されていないため、データの更新や再計算が必要な場合に対応が難しくなるデメリットがあります。

　3つめは、ユーザー定義関数を含むExcelファイルを「アドイン」としてパッケージ化し、共有する方法です。アドインとは、複数のExcelブックで使用できる機能をまとめたものです。この方法の利点は、共有した相手も同じユーザー定義関数を利用でき、かつ複数のブックで関数を使用できる点です。ただし、この方法にもデメリットがあります。共有相手がアドインをインストールする必要があり、その方法を説明したり、相手が操作したりといった手間がかかります。また、マクロを修正した場合、アドインの管理や更新が必要になるため、長期的な運用においては追加の労力かかる可能性があります。

　これら3つの方法のいずれを選択するかはケース・バイ・ケースですが、状況に応じて適切な方法を選びましょう（**図14**）。

　ここでは、2つめに紹介した「値」として貼り付けて上書きする方法について詳しく説明します。ユーザー定義関数を利用したワークシートを人に渡す場合、関数の結果を値として保存しておくことをお勧めします。これは通常の数式の結果を値に置き換えるのと同じ手順で可能です。

方法	メリット	デメリット
「マクロ有効ブック」に保存し、そのブックを共有する	共有した相手も同じユーザー定義関数を利用できる	マクロ有効ブック（.xlsm）として保存したファイルはセキュリティ上、懸念する職場が多い
ユーザー定義関数の結果をコピーして、「値」として貼り付けて上書きする	マクロなしのブック（.xlsx）のままで相手に渡せる	相手はユーザー定義関数を利用できず、データ更新への対応が難しい
マクロを「アドイン」としてパッケージ化し、それを共有する	共有した相手も同じユーザー定義関数を利用できる	共有相手にアドインをインストールしてもらう必要がある。共有したアドインの管理が面倒

図14 ユーザー定義関数を共有する3つの方法のメリット／デメリット

　具体的には、ユーザー定義関数が入力されているセル範囲を選択して「コピー」を実行し、同じ範囲を選択した状態で、「貼り付け」のメニューから「値」を選択します（**図15**）。この操作により、関数が計算・処理した結果だけがセルに残り、元の数式は上書きされます。こうなると、セルの中身は単なる値なので、ユーザー定義関数の有無にかかわらず、同じ内容を維持できるようになります。

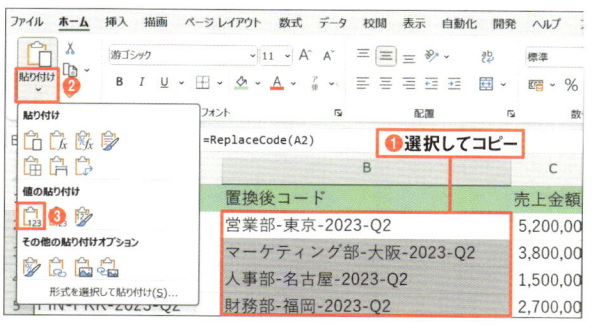

図15 ユーザー定義関数が入力されているセル範囲を選択し、「Ctrl」＋「C」キーなどを使ってコピーする（❶）。「ホーム」タブにある「貼り付け」のメニューを開き（❷）、「値の貼り付け」欄にある「値」を選ぶ（❸）

memo

　Microsoft 365に付属する最新版のExcelでは、「Ctrl」+「Shift」+「V」というショートカットキーでも、コピーしたセルを「値」として貼り付けることができます。

Section 09 「個人用マクロブック」を活用しよう

　作成したマクロはもっぱら自分だけで使うという場合は、「マクロ有効ブック」に保存するのではなく、「個人用マクロブック」に保存すると便利です。

　個人用マクロブックは、Excelで個人的に利用するマクロを保存するための特別なブック（ファイル）で、「PERSONAL.XLSB」という名前で、決まった場所に保存されます。個人用マクロブックは、Excelを起動するたびにバックグラウンドで開かれるので、そこに保存したマクロは、Excelの起動中、いつでも利用できます。つまり、どのブックでも使えるため、頻繁に使用するマクロを効率的に管理できます。

　個人用マクロブックは、「マクロの記録」を実行したときに自動作成されるので、利用するにはまず、「マクロの記録」を行います（**図1**）。個人用マクロブックを作成することが目的なら、マクロ名は適当でかまいません。標準で「Macro 1」と入力されているので、そのままでいいでしょう。「マクロの保存先」として「個人用マ

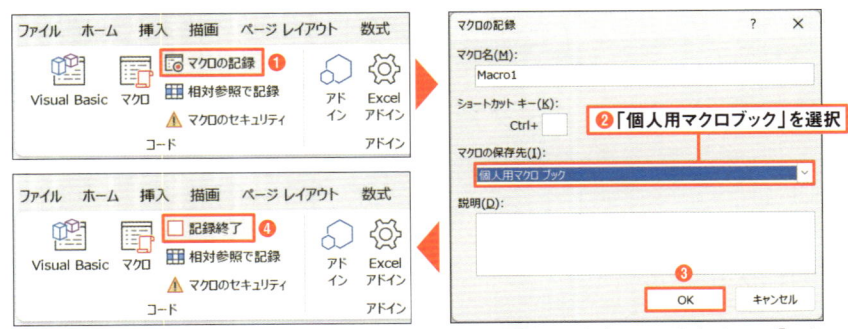

図1「開発」タブにある「マクロの記録」ボタンをクリック（❶）。開くダイアログボックスで「マクロの保存先」が「個人用マクロブック」になっていることを確認して「OK」を押す（❷❸）。個人用マクロブックの作成が目的なら、マクロ名は適当でかまわない。記録が始まったら、何も操作せずに「記録終了」ボタンを押す（❹）

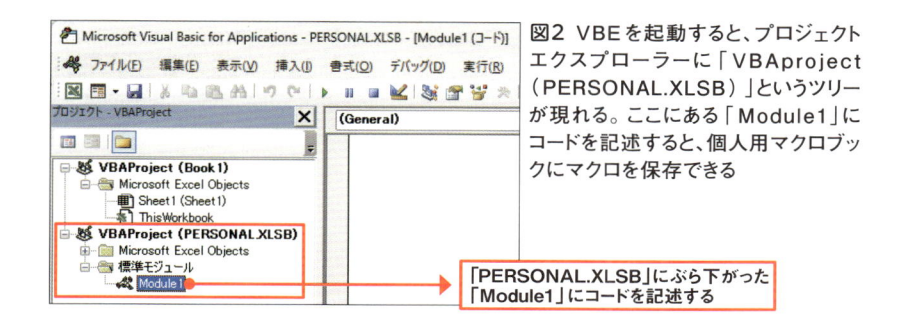

図2 VBEを起動すると、プロジェクトエクスプローラーに「VBAproject（PERSONAL.XLSB）」というツリーが現れる。ここにある「Module1」にコードを記述すると、個人用マクロブックにマクロを保存できる

「PERSONAL.XLSB」にぶら下がった「Module1」にコードを記述する

クロブック」が選ばれた状態で、「OK」ボタンを押してください。すると記録が始まるので、何も操作せずに「記録終了」ボタンを押します。

　記録の終了後にVBEを起動すると、左側に「VBAproject（PERSONAL.XLSB）」というツリーが表示されます（**図2**）。これが個人用マクロブックです。そこにぶら下がった「Module1」をダブルクリックして開き、この中にコードを記述すれば、個人用マクロブックにマクロを保存することができます。

　個人用マクロブックに保存したマクロは、そのExcel上でいつでも使えます。ただし、マクロの実行画面で「マクロの保存先」として「開いているすべてのブック」または「PERSONAL.XLSB」が選ばれていないと、「マクロ名」欄にマクロが表示されないので注意してください（**図3**）。

第7章
Copilotに
マクロ（VBA）を作らせる

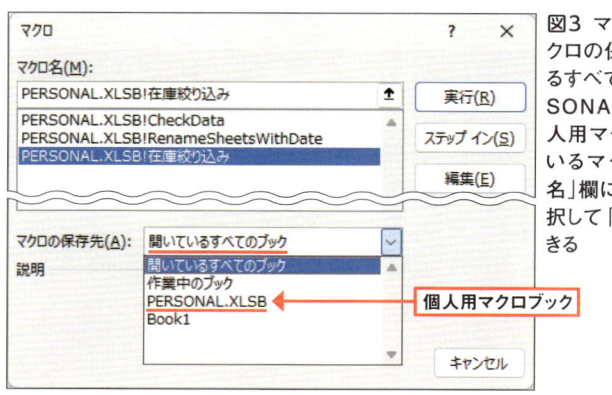

図3 マクロを実行する際、「マクロの保存先」欄で「開いているすべてのブック」または「PERSONAL.XLSB」を選ぶと、個人用マクロブックに保存されているマクロが上部の「マクロ名」欄に表示される。そこから選択して「実行」を押せば利用できる

個人用マクロブック

Copilotで処理する前に
データを整形しよう

01 Copilotが苦手な「不適切データ」とは

02 セルの結合を解除する

03 横持ちデータを縦持ちデータに変換する

この章で学ぶこと

- Copilotが苦手とするデータ形式の特徴
- セル結合を解除して適切なデータにする方法
- 横持ちデータを縦持ちに変換するテクニック

Excel × Copilot

佐藤君

やっと集めたデータをCopilotで分析しようとしたんだけど、うまくいかなくて……。AIって何でもできるんじゃないの?

コパイロ君

そうだね、確かにCopilotは優秀だけど、どんなデータでも処理できるわけじゃないんだ。データの形式によっては苦手なこともあるんだよ。

え、そうなの? じゃあ、せっかく集めたデータが無駄になっちゃうの?

大丈夫、無駄にはならないよ。ただ、Copilotが扱いやすいように、データを少し整形する必要があるんだ。例えば、セルの結合を解除したり、横に広がった横持ちデータを縦持ちに変換したり。あとは、列のタイトル（列名）を1つのセルにまとめたりするんだ。

そっか。じゃあ、データの整形方法をしっかり学んでおいたほうがいいんだね。

少し手間はかかるけど、データを最適化しておくと、Copilotの分析の精度がぐっと上がるんだ。この章では、Copilotが苦手とする不適切なデータの特徴と、それを修正する方法について詳しく解説するよ。これを覚えておけば、Copilotをもっと効果的に活用できるはずだ。一緒に学んでいこう!

付録

Copilotで処理する前に
データを整形しよう

Copilotが苦手な「不適切データ」とは

　Copilotは優れたAIツールですが、どんなデータでも処理できるわけではありません。Excelデータの形式によっては、Copilotがうまく集計や分析などの処理を行えないケースがあります。本書の最後に、Copilotが苦手とする「不適切データ」の特徴と、それらを修正する方法について解説しておきます。

　Copilotが苦手とする不適切データの代表が、次の3つです。

1．行や列のタイトルが1行、1列ではない

　列や行のタイトル（見出し、項目名）が2セル以上に分割されていると、Copilotは適切な処理ができません。列や行のタイトルは、1セルに収めることが望ましいです。また、重複するタイトルは用いないようにしましょう。

2．セルの結合

　Excelでは「セルの結合」機能を使って複数のセルを1つに結合することができます。しかし、結合されたセルは、Copilotの分析に支障を来す可能性があります。可能な限り結合を解除してください。そして、結合の解除によって生まれた空白のセルには、適切なデータを入れて埋めておきましょう。

3．横持ちデータ

　データが横方向に展開していくデータよりも、縦方向に展開していくデータのほうがCopilotの処理に適しています。一般に前者は「横持ちデータ」、後者は「縦持ちデータ」と呼ばれますね。Copilotで適切に処理するには、横持ちデータを縦持ちデータに変換しておく必要があります。

　これらの不適切データは、Copilotで処理するかどうかにかかわらず、一般的なデータ集計やデータ分析の弊害になるものです。表の見た目を重視するのではなく、データ活用を目的とするのであれば、改善、修正する必要があるでしょう。

行や列のタイトルは、1行、1列がルール

　1つめの行や列のタイトルについて、まず説明しておきます。Copilotが効率的にデータを処理するためには、行や列のタイトルが1つのセルにまとめられていることが重要です。複数のセルに分かれたタイトルは、Copilotがデータ構造を正確に理解する妨げとなる可能性があります。

　例えば**図1**のような例です。人間が見れば、1行目にある「増加距離」の単位を2行目で「（km）」と示していることがわかりますが、Copilotがデータを処理するときは、「増加距離」と「（km）」のどちらがC列のタイトル（列名）なのか、判断できません。「増加距離」をタイトルと見なした場合は、「（km）」が1件目のデータだと誤解され、正しい計算や分析ができなくなってしまいます。

　そこで、この場合は**図2**のようにタイトルを整形しておく必要があります。2つのセルの内容を、1つのセルにまとめるのです。同じような箇所が大量にあって、手作業で修正するのが大変なときは、数式やマクロで処理するとよいでしょう。その場合も、Copilotに助言を求めれば、数式やVBAコードを提案してくれるはずです。

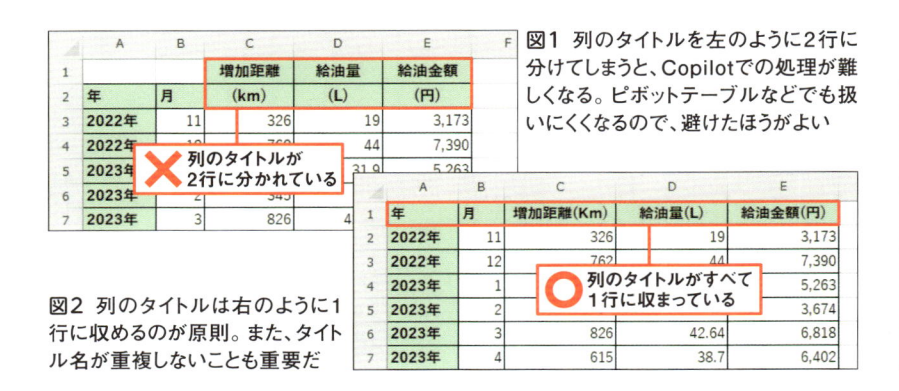

図1 列のタイトルを左のように2行に分けてしまうと、Copilotでの処理が難しくなる。ピボットテーブルなどでも扱いにくくなるので、避けたほうがよい

図2 列のタイトルは右のように1行に収めるのが原則。また、タイトル名が重複しないことも重要だ

セルの結合を解除する

　不適切なデータをCopilotが処理しやすい形に整形する手順を具体的に見ていきましょう。続いては「セルの結合」についてです。

　セルの結合は、データ分析やCopilotの処理に悪影響を及ぼします（**図1**）。結合されたセルは、実際には1つのセルにのみデータが存在し、残りのセルは空白として扱われます。その結果、データの集計や分析が正確に行えなくなる可能性があります。Copilotによる分析を行う前に、結合を解除しておきましょう。

　セルの結合を解除するには、その結合セルを選択して、「ホーム」タブにある「セルを結合して中央揃え」ボタンをクリックします（**図2**）。

　結合を解除したセル範囲を見ると、先頭のセルにだけデータが残り、残りのセ

	A	B	C	D	E
1	年	月	増加距離(km)	給油量(L)	給油金額(円)
2	2022年	11	326	19	3,173
3		12	762	44	7,390
4		1	564	31.9	5,263
5		2	345	22	3,674
6		3	❌ セルが結合されている		6,818
7		4	615	38.7	6,402
8		5	347	23.5	3,924
9	2023年	6	894	56.76	9,303
10		7	516	46.88	7,911
11		8	749	72.02	13,233
12		9	541	46.39	8,164
13		10	371	27.4	4,877
14		11	473	25.79	4,075
15		12	712	44.91	7,116
16					
17					

図1 表の見栄えを良くするために、セルを結合することがよくある。しかし、Copilotでデータを集計したり分析したりする場合は、このような結合セルがあると問題が生じる

ルは空白になっていることがわかります。結合したセルにおけるデータの実体は、このような状態になっているというわけです。そのため、データの集計や分析に不都合が生じてしまいます。これを改善するためには、空白になったセルに、先頭の行と同じデータをコピーして補完します（**図3**）。

　これで、Copilotが適切に処理できる形式にデータが整形されました。セル結合の解除は、一見単純な作業に思えるかもしれません。しかし、この小さな変更がCopilotの分析精度を大きく向上させる可能性があります。データの前処理として、セル結合の解除を習慣付けることで、より正確で信頼性の高い分析結果を得ることができるでしょう。

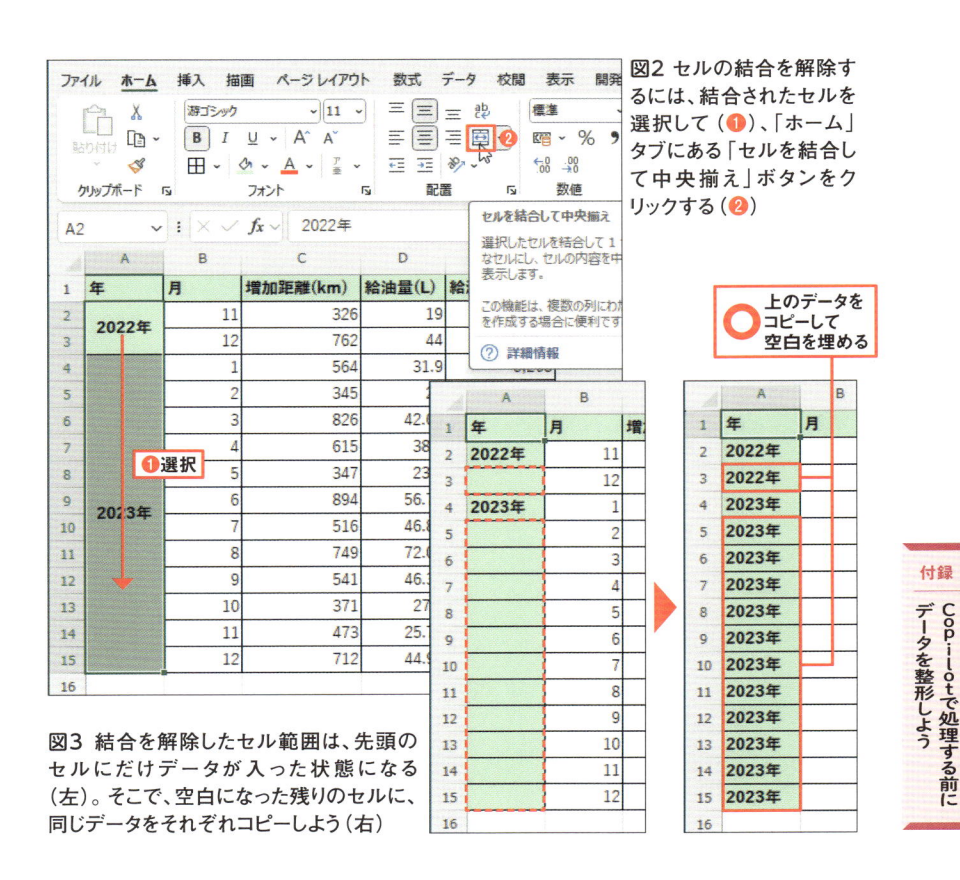

図2 セルの結合を解除するには、結合されたセルを選択して（①）、「ホーム」タブにある「セルを結合して中央揃え」ボタンをクリックする（②）

図3 結合を解除したセル範囲は、先頭のセルにだけデータが入った状態になる（左）。そこで、空白になった残りのセルに、同じデータをそれぞれコピーしよう（右）

横持ちデータを
縦持ちデータに変換する

　Copilotが適切に処理できるのは、「1行に1件ずつ」というルールでデータが縦方向に入力されている「縦持ちデータ」です。反対に、1月、2月、3月…といった時系列データが横方向に広がっている「横持ちデータ」は、分析や処理が難しくなり、正しい結果を得られない可能性があります（**図1**）。

　そのため、横持ちデータをCopilotで処理するには、あらかじめ縦持ちデータに変換しておく必要があります。ここでは簡単な方法を2つ紹介します。「行／列の入れ替え」と「TRANSPOSE関数」です。

コピーして「行/列の入れ替え」をする

　横持ちデータを縦持ちデータに変換する最も簡単な方法は、データをコピーして「行/列の入れ替え」をする方法です。

　まずは横持ちデータの表全体を選択し、「コピー」を実行します（**図2**）。次に、空いているセルを選択し、「貼り付け」ボタンのメニューから「形式を選択して貼り付け」を選びます（**図3**）。すると、形式を選択する画面が開くので、「行/列の入

	A	B	C	D	E	F	G	
1	項目 / 年月	2022/11/1	2022/12/1	2023/1/1	2023/2/1	2023/3/1	2023/4/1	202
2	増加距離(km)	326	762	564	345	826	615	
3	給油量(L)	19.0				42.6	38.7	
4	給油金額(円)	3,173	7,390	5,263	3,674	6,818	6,402	

❌ データが横方向に並んでいる

図1 横持ちデータの例。月ごとのデータが横に並んでいる

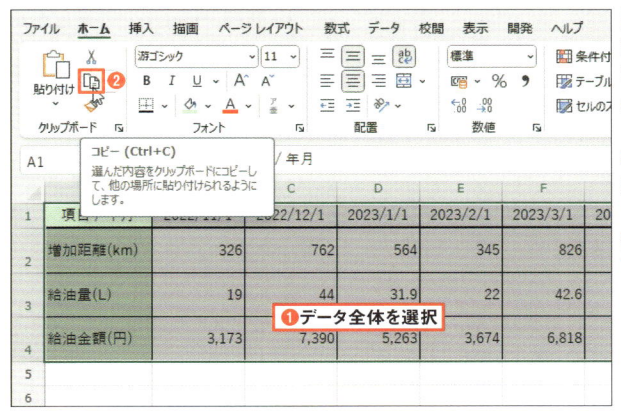

図2 横持ちデータを縦持ちデータに変えるには、まず横持ちデータの表全体を選択し（❶）、「ホーム」タブにある「コピー」ボタンを押す（❷）。「Ctrl」＋「A」キーで表全体を選択し、「Ctrl」＋「C」キーでコピーしてもよい

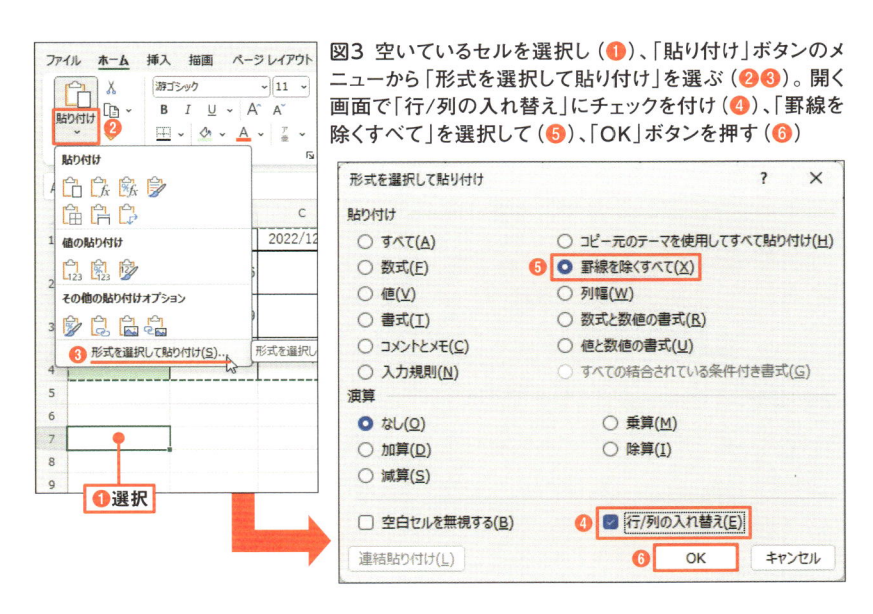

図3 空いているセルを選択し（❶）、「貼り付け」ボタンのメニューから「形式を選択して貼り付け」を選ぶ（❷❸）。開く画面で「行/列の入れ替え」にチェックを付け（❹）、「罫線を除くすべて」を選択して（❺）、「OK」ボタンを押す（❻）

れ替え」にチェックを付けましょう。また、元データに罫線が引かれていた場合は、「罫線を除くすべて」を選択しておくことをお勧めします。罫線については、貼り付けた後に体裁が崩れてしまうことが多いためです。

　図3右のように設定して「OK」ボタンを押すと、データの縦と横が入れ替わっ

付録
Copilotで処理する前に
データを整形しよう

219

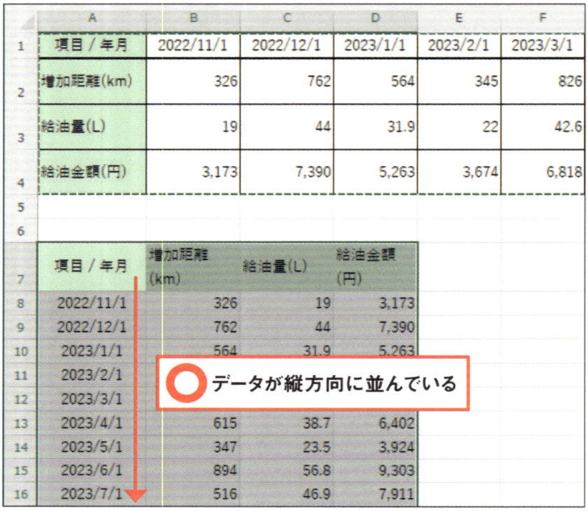

	A	B	C	D	E	F
1	項目／年月	2022/11/1	2022/12/1	2023/1/1	2023/2/1	2023/3/1
2	増加距離(km)	326	762	564	345	826
3	給油量(L)	19	44	31.9	22	42.6
4	給油金額(円)	3,173	7,390	5,263	3,674	6,818
5						
6						
7	項目／年月	増加距離(km)	給油量(L)	給油金額(円)		
8	2022/11/1	326	19	3,173		
9	2022/12/1	762	44	7,390		
10	2023/1/1	564	31.9	5,263		
11	2023/2/1					
12	2023/3/1					
13	2023/4/1	615	38.7	6,402		
14	2023/5/1	347	23.5	3,924		
15	2023/6/1	894	56.8	9,303		
16	2023/7/1	516	46.9	7,911		

図4 貼り付けられた結果を見ると、1行目にあった年月が1列目にあり、データが縦方向に並んでいることがわかる。これで縦持ちデータに変換できたことになる

た状態で、データが貼り付けられます（**図4**）。このようにして、横持ちデータを縦持ちに変換することができます。

TRANSPOSE関数を使えば、データの更新にも対応

横持ちデータを縦持ちデータに変換するもう1つの方法は、TRANSPOSE関数を使うものです。この関数を使うと、元のデータを数式で参照する形になるので、元データが変更されたときに、その変更が自動で反映されるのが利点です。

使い方は簡単です。新しいシートや空いているセルに、

```
=TRANSPOSE(A1:O4)
```

のような数式を入力するだけです。引数には、元データのセル範囲を指定します（**図5**）。するとセル範囲全体が、縦横を入れ替えた状態で参照されます。

ただし、この方法にはいくつかのデメリットもあります。変換後のデータは関数が入力されているため、値を直接編集することができません。また、変換後のデー

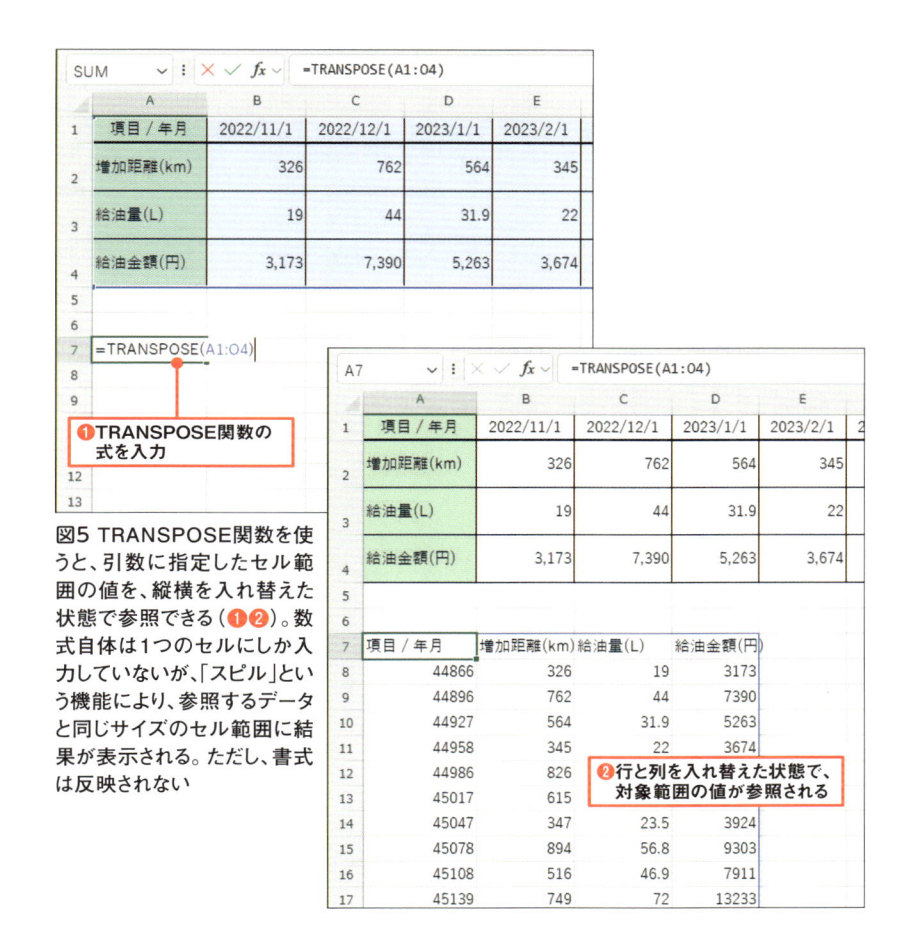

図5 TRANSPOSE関数を使うと、引数に指定したセル範囲の値を、縦横を入れ替えた状態で参照できる（❶❷）。数式自体は1つのセルにしか入力していないが、「スピル」という機能により、参照するデータと同じサイズのセル範囲に結果が表示される。ただし、書式は反映されない

タは、フィルターや並べ替えを適用できません。変換後のセルには値のみが表示されるので、日付や数値の表示形式など書式を設定し直す必要もあります。

　上記のデメリットから、TRANSPOSE関数で変換を行った後は、その結果をすべて選択して「コピー」し、同じ場所に「値」として貼り付けるとよいでしょう（209ページ図15参照）。そうすれば、数式がその結果の値で上書きされ、編集はもちろん、フィルター機能の利用なども可能になります。元データの変更は自動で反映されなくなりますが、データの扱いやすさは向上します。

付録
Copilotで処理する前に
データを整形しよう

エクセル兄さん

たてばやし 淳

1986年生まれ、横浜育ち。オンライン動画でITスキルを教える人気講師。「多くの人に、仕事を自動化してラクにする方法を伝えたい」という想いから、Excelやマクロ、AI関連の書籍を執筆するなど発信活動を行う。YouTubeのチャンネル登録者数は11万人超。オンライン動画教育プラットフォーム「Udemy」では19万人以上の受講者へ動画コースを展開している。著書に『Excel×ChatGPTでビジネスが加速する! AI仕事術』(エクセル兄さん出版)、『学習と業務が加速する　ChatGPTと学ぶExcel VBA&マクロ』(ソシム)、『Excel VBA塾 初心者OK! 仕事をマクロで自動化する12のレッスン』(マイナビ出版)、『エクセル兄さんが教える世界一わかりやすいMOS教室』(PHP研究所)などがある。

Excel×Copilot AI仕事術

2024年9月30日　第1版第1刷発行

著　　　者	たてばやし 淳
編　　　集	田村規雄
発　行　者	浅野祐一
発　　　行	株式会社日経BP
発　　　売	株式会社日経BPマーケティング
	〒105-8308　東京都港区虎ノ門4-3-12

装　　　丁	山之口正和＋齋藤友貴(OKIKATA)
本文デザイン	桑原 徹＋櫻井克也(Kuwa Design)
制　　　作	会津圭一郎(ティー・ハウス)
印刷・製本	TOPPANクロレ株式会社

ISBN978-4-296-20504-2

本書籍に関するお問い合わせ、ご連絡は下記にて承ります。
https://nkbp.jp/booksQA